中学入試 まんが攻略BON!
つるかめ算

Gakken

中学入試 まんが攻略BON!
つるかめ算
もくじ

① 和差算 ……………………………………… 5
▶▶▶ 入試問題に挑戦!! いろいろな和差算 …… 18
- ① もらった金額
- ② 連続する整数の和
- ③ 3人の身長を比べる問題

② 植木算 ……………………………………… 21
▶▶▶ 入試問題に挑戦!! いろいろな植木算 …… 34
- ① 道の片側に植える問題
- ② 運動場のまわりに植える問題
- ③ テープをつなぐ問題
- ④ ポスターをはる問題
- ⑤ 板を切り分ける問題

③ つるかめ算 ………………………………… 39
▶▶▶ 入試問題に挑戦!! いろいろなつるかめ算 …… 52
- ① えんぴつとシャープペンシルの本数
- ② カブト虫の数
- ③ まとに当たった回数

④ 年令算 ……………………………………… 55
▶▶▶ 入試問題に挑戦!! いろいろな年令算 …… 68
- ① □年前の年令の比
- ② □年後の年令の比
- ③ 年令の旅人算

⑤ 旅人算 ... 71

▶▶▶ 入試問題に挑戦!! いろいろな旅人算 ... 84
- ① 追いつきの問題
- ② 出会いの問題
- ③ 池のまわりをまわる問題
- ④ 速さの和差算
- ⑤ 旅人算とグラフ

⑥ 流水算 ... 89

▶▶▶ 入試問題に挑戦!! いろいろな流水算 ... 104
- ① 川を上る速さと下る速さ
- ② 川の流れの速さと静水での速さ
- ③ 流水算とグラフ

⑦ 通過算 ... 107

▶▶▶ 入試問題に挑戦!! いろいろな通過算 ... 122
- ① 鉄橋をわたる問題
- ② トンネルにかくれている時間
- ③ 電信柱の前を通過する問題
- ④ 列車のすれちがい
- ⑤ 列車の追いこし

⑧ 時計算 ... 127

▶▶▶ 入試問題に挑戦!! いろいろな時計算 ... 140
- ① 時計の長針と短針のつくる角
- ② 時計の長針と短針の重なる時刻
- ③ 時計の長針と短針が60°になる時刻

⑨ 日暦算 ... 143

▶▶▶ 入試問題に挑戦!! いろいろな日暦算 ... 156
- ① 日付の計算
- ② 曜日の計算
- ③ 週刊誌の発売日
- ④ 同じ月日の曜日

この本の効果的な使い方

1 まんがで楽しく文章題がわかる！

この本は，つるかめ算や年令算といった入試問題でよく出る文章題を，まんがでわかりやすく理解できるようにくふうされている。

まんがを楽しく読みながら，文章題の考え方がスイスイ身につくぞ！

また，ところどころにある マメ知識 でも理解を深めよう！

2 「コレが大事」を見のがすな！

まんがの中には，文章題を解くポイントになる コレが大事 がある。ここさえ見れば，文章題でどう考えるかがばっちり理解できる！

3 入試問題を解いて，実力をつけよう！

まんがを読んで要点を理解したら，入試問題に挑戦!! で実際に中学入試で出題された問題を解いてみよう！

解き方▶▶▶ を読んで 解法ポイント を確認すれば，入試で役立つ実せん力がしっかり身につくぞ！

この本には，文章題の考え方を理解できるようなくふうがいっぱいあるニャ〜！
うまく使って，中学入試対策は完ペキ!!

1 和差算

数量の和と差がわかっているとき，それぞれの数量の大きさを求める問題を，和差算といいます。

ああっ　この服欲しいけど…，￥8000-

お金はないのよね…。

あやかはあの服が欲しいの？　うん。

前から欲しくて…，少しずつ貯金もしているんだけど。

1. 和差算

1. 和差算

1. 和差算

1. 和差算

1. 和差算

問題

　姉は貯金をしていて，姉のさいふの中のお金と貯金の合計金額は，19000円です。

　姉の貯金は，さいふの中のお金よりも5800円多いそうです。

　姉のさいふの中には，いくら入っていますか。

マメ知識▶ 1から9までの数字を1回ずつ順番に使って，100をつくる数遊びを小町算というよ。例えば，123−4−5−6−7+8−9=100 という式がつくれるよ。

1. 和差算

1. 和差算

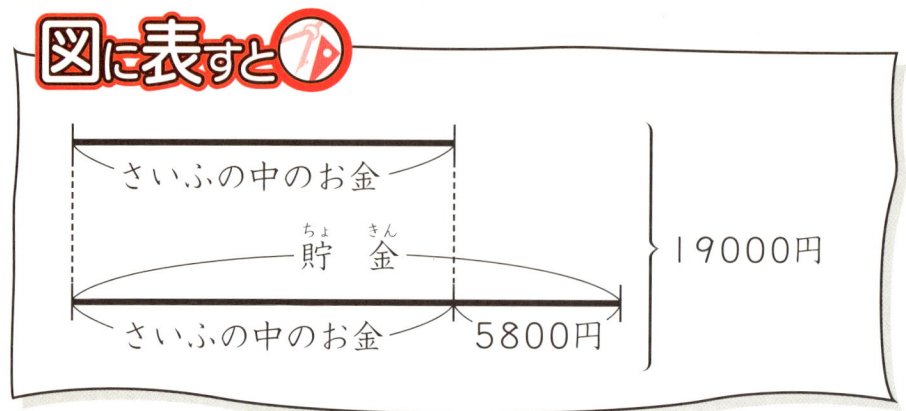

線の長さのちがいを利用して，数量の関係を表した上のような図を「線分図」というよ。

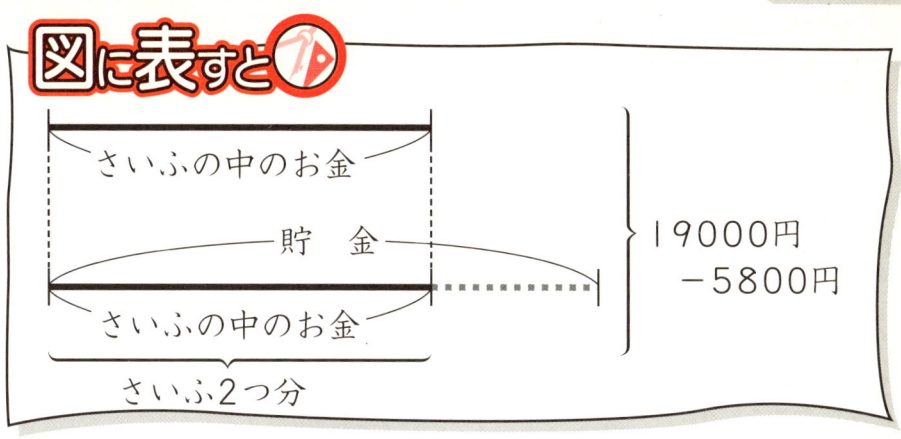

1. 和差算

さっきの図を式に表して計算すれば、おさいふの中の金額がわかるはず！

「さいふの中のお金」2つ分は、19000円から5800円をひいた金額と同じだから、

（さいふの中のお金）×2 ＝ 19000 － 5800

（さいふの中のお金）＝（19000 － 5800）÷ 2

（さいふの中のお金）＝ 6600（円）

 コレが大事　（さいふの中のお金）＝（和 － 差）÷ 2

あっ！！できたっ！

ふふふっ。

どうしたの？ついにこうさん？

マメ知識　「貯金」2つ分は、19000円（和）と5800円（差）をたした金額と同じになるよ。

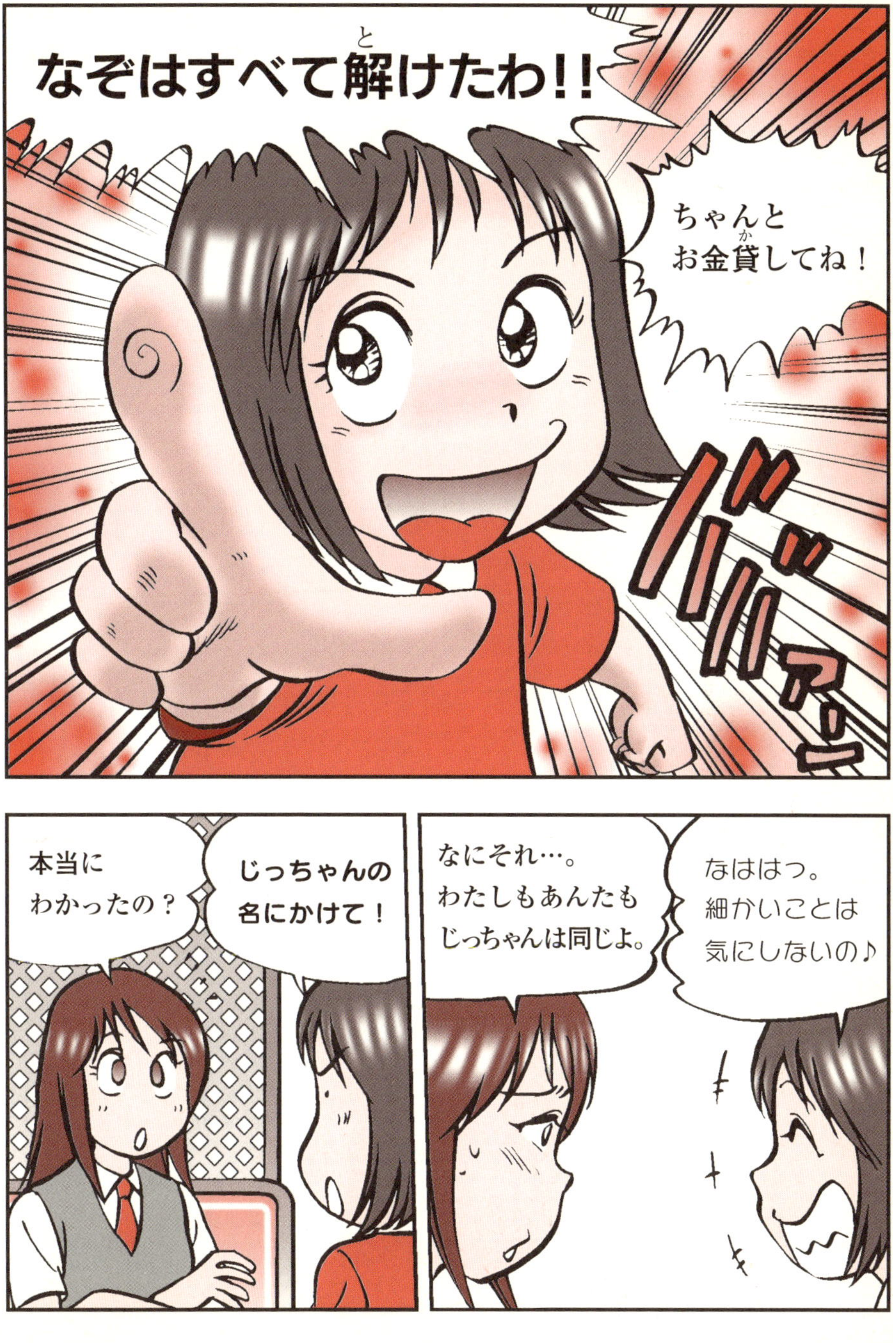

1．和差算

1. 和差算

お姉ちゃんのおさいふの中の金額は，6600円でしょ!!

正解！
やったぁ！

ちょっとヒントを出しすぎたかしら…。
そんなことない！わたし，がんばったモン♪

そして―

あーっ！ あの服がない！
まあっ！

どうしよう。きっと売れちゃったんだわ…。
とにかくお店に入ってみましょう！

1. 和差算

マメ知識 ▶ 100をつくる数遊びを日本では小町算というけど，英語ではセンチュリーパズルというよ。
センチュリーは1世紀を表し，1世紀は100年だから，このようにいうんだよ。

入試問題に挑戦!! ―いろいろな和差算―

1 もらった金額

> Aさんと弟はお母さんから合わせて1500円もらいました。Aさんのもらった金額は，弟より200円多かったそうです。Aさんがもらった金額は何円ですか。　　〈戸板中〉

解き方 ▶▶▶

◆ 2人がもらった金額の和は1500円，差は200円である。

◆ Aさんがもらった金額の2倍は，1500＋200＝1700（円）

◆ Aさんがもらった金額は，
1700÷2＝850（円）

答え 850円

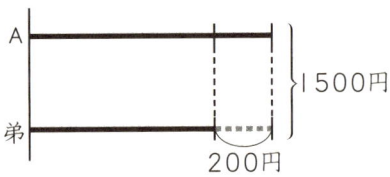

別の解き方

◆ 弟がもらった金額の2倍は，1500－200＝1300（円）

◆ 弟がもらった金額は，
1300÷2＝650（円）

◆ Aさんがもらった金額は，弟より200円多いから，
650＋200＝850（円）

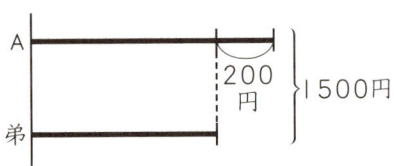

解法ポイント

大，小の2つの数量の和と差がわかっている問題では，

大＝（和＋差）÷2

小＝（和－差）÷2

2 連続する整数の和

> 5つの連続する整数の和が1255であるとき，5つの数のうちいちばん大きい数はいくつですか。　〈文華女子中〉

解き方 ▶▶▶

◆ **いちばん大きい整数5つ分の和**は，
　　$1255+(1+2+3+4)=1265$

◆ **いちばん大きい整数**は，
　　$1265÷5=253$

答え 253

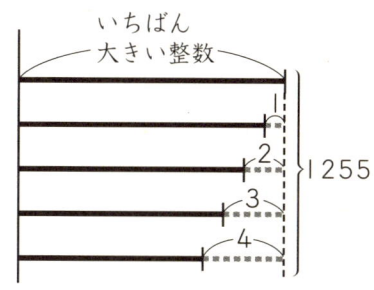

（別の解き方）

◆ **いちばん小さい整数5つ分の和**は，
　　$1255-(1+2+3+4)$
　　$=1245$

◆ いちばん小さい整数は，
　　$1245÷5=249$

◆ いちばん大きい整数は，いちばん小さい整数より4大きい数だから，$249+4=253$

解法ポイント

いちばん小さい整数を○とすると，連続する整数は，
　　○，○+1，○+2，○+3，…

いろいろな和差算

3　3人の身長を比べる問題

A君, B君, C君が身長を比べました。A君はB君より15cm低く, C君はB君より18cm低いことがわかりました。3人の身長の平均が164cmであるとき, C君の身長は何cmですか。

〈日本大第三中〉

解き方 ▶▶▶

◆ B君はA君より15cm高く, C君より18cm高いから, **A君はC君より18－15＝3(cm)高い。**

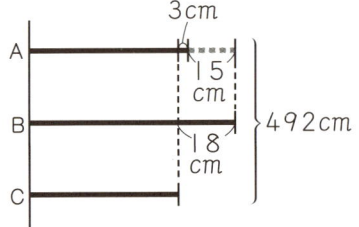

◆ 3人の**身長の平均**は164cmだから, 3人の**身長の合計**は,
164×3＝492(cm)

◆ C君の身長の3倍は,
492－(3＋18)＝471(cm)

◆ C君の身長は,
471÷3＝157(cm)

別の解き方

A君やB君の身長を求めてから, C君の身長を求めることもできる。
B君の身長から求めるとき, B君の身長の3倍は,
492＋(18＋15)＝525(cm)
よってB君の身長は,
525÷3＝175(cm)
C君の身長は,
175－18＝157(cm)

答え 157cm

解法ポイント

3つ以上の数量の和差算でも, 数量の関係を**線分図**に表し, **1つの数量の線分の長さにそろえて**解くとよい。

2 植木算

木を植える間かくや植える木の本数を求める問題を，植木算といいます。

2. 植木算

2．植木算

2. 植木算

問題

横の長さが6mあるたながあります。
たなのはしからはしまで40cmごとに盆栽を置くと，盆栽はいくつ置けますか。

〔注意〕この問題では，盆栽の大きさを考えると，たなのはしに置いた盆栽は落ちてしまいますが，今回は盆栽の大きさは考えないで計算しましょう。

2. 植木算

2. 植木算

cmやmなど，問題の中にいろいろな単位が出てきたときは，同じ単位にそろえて考えてみる。
6m＝600cm

2. 植木算

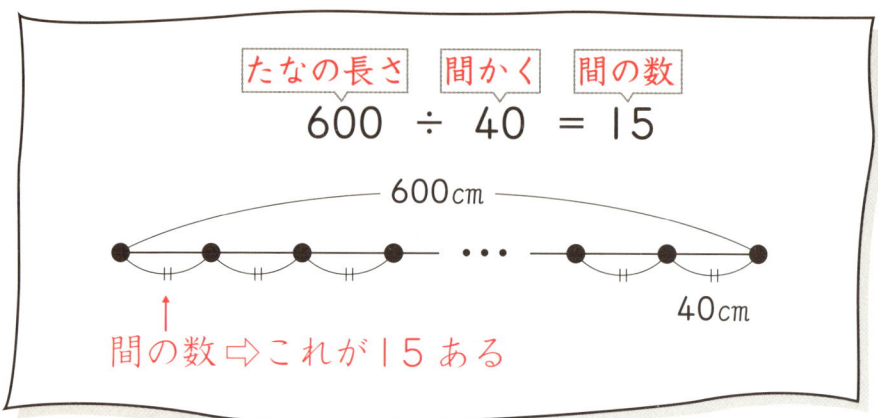

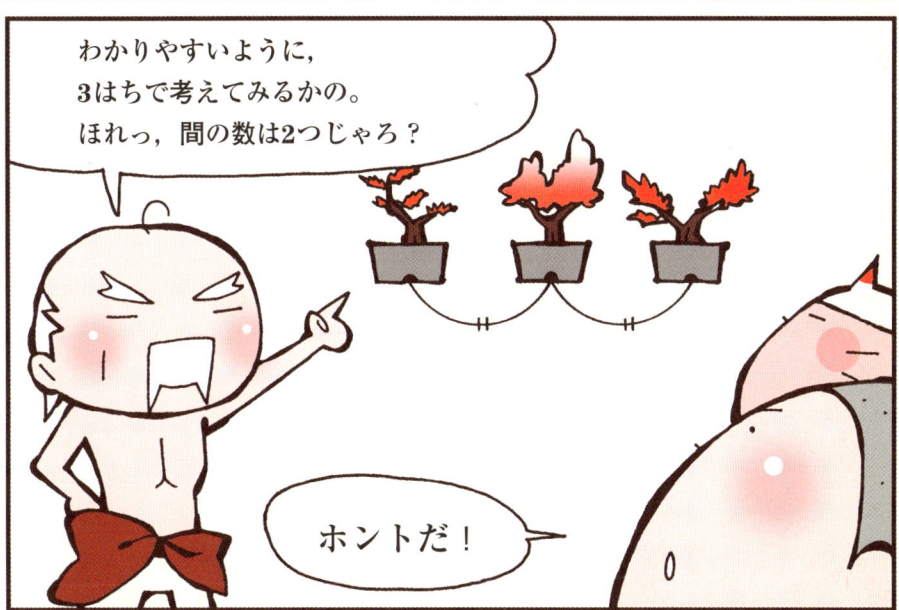

2. 植木算

両はしに盆栽を置いたとき，盆栽の数は，

(間の数)＋1

それでは，このたなの上に置ける盆栽の数は…，

間の数は15だから，
15＋1＝16 で
16はち!!

アハハ やったね！

やっと終わった!!

まだじゃ！

ヒーッ

2. 植木算

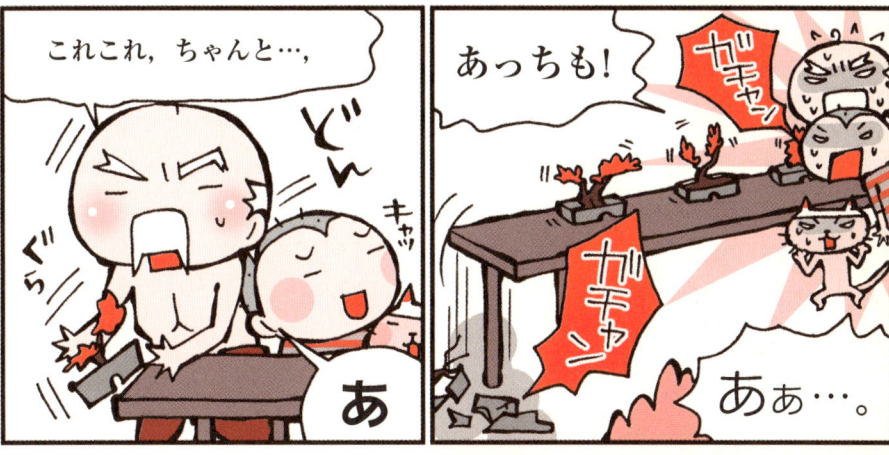

2. 植木算

2. 植木算

> **コレが大事**
> 両はしに盆栽を置かないとき，
> 盆栽の数は，**（間の数）−1**

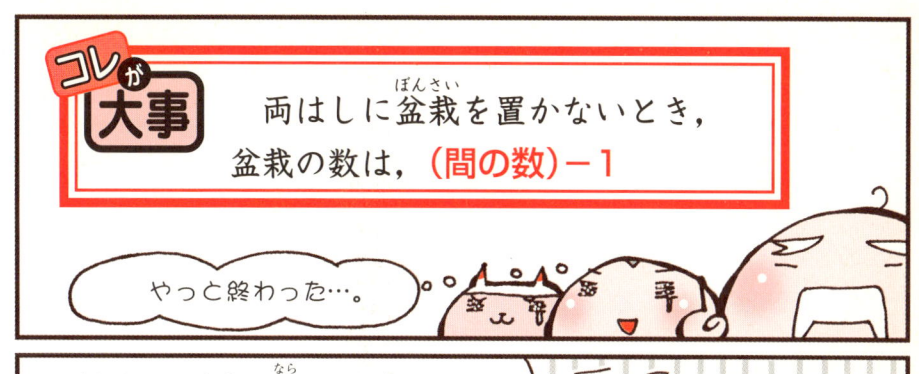

入試問題に挑戦!! ーいろいろな植木算ー

1 道の片側に植える問題

(1) 長さ360mの道の片側に12mおきに木を植えます。両はしにも植えるとすると，木は何本必要ですか。〈北鎌倉女子学園中〉

(2) 143mはなれた2本の電柱の間に12本の木を同じ間かくに植えると，その間かくは何mになりますか。〈トキワ松学園中〉

解き方 ▶▶▶

(1) ◆ 長さ360mの道に12mおきに木を植えるとき，間の数は，
　　　360÷12＝30
◆ **両はしにも植える**場合だから，木の本数は，
　　　30＋1＝31(本)

(2) ◆ 143mはなれた**2本の電柱の間に12本の木を同じ間かくに植える**と，間の数は，
　　　12＋1＝13
◆ 木と木の間かくは，
　　　143÷13＝11(m)

〈両はしにも植える場合〉

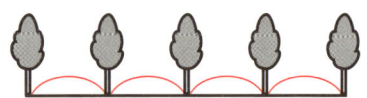

(木の本数)＝(間の数)＋1

〈両はしに植えない場合〉

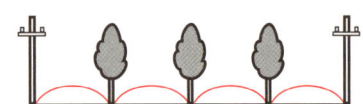

(木の本数)＝(間の数)－1
⇨(間の数)＝(木の本数)＋1

答え (1) 31本　(2) 11m

解法ポイント

- 両はしにも植える場合 ⇨ (木の本数)＝(間の数)**＋1**
- 両はしに植えない場合 ⇨ (木の本数)＝(間の数)**－1**

2 運動場のまわりに植える問題

たて84m，横120mの長方形の運動場のまわりに，等しい間かくで木を植えます。植える木はできるだけ少なくし，4すみには必ず植えることにすると，木は全部で何本必要ですか。

〈智辯学園中〉

解き方 ▶▶▶

◆ 84mと120mは，同じ間かくの長さでわりきれるから，84と120の公約数が間かくの長さになる。

◆ 植える木の本数をできるだけ少なくするには，木と木の間かくをできるだけ広くすればよい。

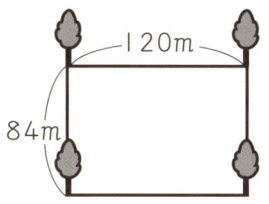

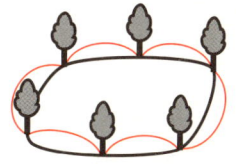

池や運動場などのまわりに木を植える場合，木の本数と間の数は等しくなる。

◆ 木と木の間かくは，**84と120の最大公約数**で，12m
◆ 長方形の運動場のまわりの長さは，(84＋120)×2＝408(m)だから，木は全部で，408÷12＝34(本)必要である。

答え 34本

解法ポイント

●池や運動場などのまわりに木を植える場合
⇨ (木の本数)＝(間の数)

いろいろな植木算

3 テープをつなぐ問題

> 長さ8cmのテープ72枚を，2cmののりしろをとってはり合わせて，1本のテープをつくりました。できたテープの長さは何cmですか。　〈同志社中〉

解き方 ▶▶▶

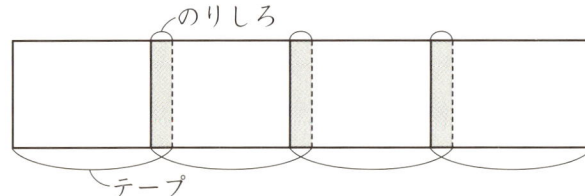

のりしろの数は，テープの枚数より1少ない。

◆ 長さ8cmのテープ72枚分の長さの合計は，
8×72＝576（cm）

◆ のりしろ（重ねてのりづけするところ）の数は，
72－1＝71（か所）

◆ のりしろの長さの合計は，
2×71＝142（cm）

◆ つないだテープの長さは，
576－142＝434（cm）

答え 434cm

解法ポイント
- （のりしろの数）＝（テープの枚数）－1
- （つないだテープの長さ）＝（1枚の長さ）×（枚数）－（のりしろ）×（枚数－1）

4 ポスターをはる問題

> 横はばが304cmのけい示板に,横はばが同じ長さの11枚のポスターを横1列にはります。ポスターどうしの間,ポスターとけい示板のはしとの間の長さはすべて1.5cmです。ポスター1枚の横はばの長さは何cmですか。 〈弘学館中〉

解き方 ▶▶▶

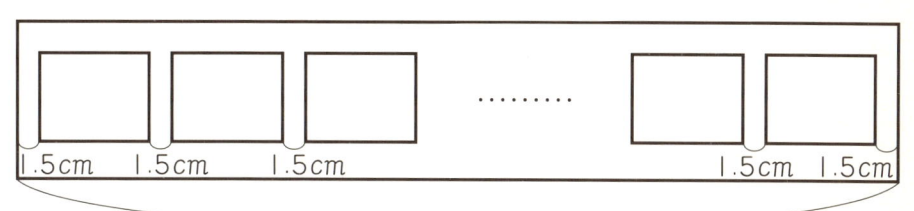

◆ ポスターどうしの間,ポスターとけい示板のはしとの間(ポスターをはっていない部分)の数は,全部で,11+1=12(か所)ある。

◆ **ポスターをはっていない部分の長さの合計**は,
  1.5×12=18(cm)

◆ **ポスター11枚の横はばの長さの合計**は,304−18=286(cm)
  だから,ポスター1枚の横はばの長さは,286÷11=26(cm)

答え 26cm

解法ポイント
ポスターを同じ間かくではる問題では,**ポスターをはってある部分**や,**はっていない部分の長さの合計**を考える。

いろいろな植木算

5 板を切り分ける問題

はば80cmの板をのこぎりで8cmのはばに切り分けたいと思います。1回切るのに3分かかり、切るたびに1分休むとすると、全部切り分けるのに何分かかりますか。 〈近畿大附中〉

解き方 ▶▶▶

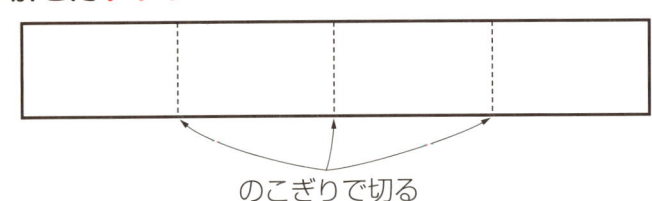

のこぎりで切る

> 切る回数は、切り分ける板の枚数より1少ない。

◆ はば80cmの板を8cmずつに切り分けると、8cmの板は、
 80÷8＝10（枚）できるから、切る回数は、
  10－1＝9（回）

◆ **最後に切るとき（9回目）は休けいしなくてよい**から、
 休けいの回数は、
  9－1＝8（回）

◆ この板を全部切り分けるのにかかる時間は、
  3×9＋1×8＝35（分）

答え 35分

解法ポイント

板を○枚に切り分けるとき、
- 切る回数
  ⇨ ○－1（回）
- 休けいする回数
  ⇨ （切る回数）－1（回）
  ⇨ ○－2（回）

③ つるかめ算

つるとかめのあしの数の和と頭の数の和がわかっているとき，それぞれ何わ（びき）いるか求める問題を，つるかめ算といいます。

じゃーなー。
バイバーイ！

今日の練習もつかれたなーっ。
オレも〜!!
オレは腹減ってもう歩けないよ〜。
ふた子のくいしんぼう

どこかで何か食べようぜ！
そうだ！新しくできたワイルドバーガーに行こうよ!!
なっ いいだろ？
うん。いいけど。

ここだ！ワイルドバーガー。
ドドドドッ
オイオイ。歩けないんじゃないの？

39

3. つるかめ算

3. つるかめ算

3. つるかめ算

自分が何を何個食べたか忘れちゃったのぉ!?
うはははは，悪い，そーみたい！
というわけでこの件(けん)はおしまい…と。
だな！
オレの分も入れて全部で12個！
今，包(つつ)み紙を数えたからな！
ん〜，ねばるなぁ。
あれっ？ ワイルドバーガーは1個220円だから，計算すると2800円にならないぞ？
220×12＝2640（円）
それでいいじゃん
どうかしたのかい？
ぬっ
わっ
実は計算が合わなくて。
びっくりした〜っ
そうか。じゃお兄さんが協力(きょうりょく)してあげよう。
余計(よけい)なことしなくていいのに。

3. つるかめ算

- たける君は，全部で2800円のお金をはらいました。
- 食べたハンバーガーは全部で12個です。
- 12個全部が1個220円のワイルドバーガーだとすると，はらったお金と合いません。

ねっ，合わないでしょ？

そういえば，260円のダブルバーガーも何個か買ったよね。

まず問題を確認して，図に表してみるといいよ。

そ，そうだったかな？

ごまかすな！

問題

1個220円のワイルドバーガーと1個260円のダブルバーガーを合わせて12個分買って，2800円はらいました。

ワイルドバーガーとダブルバーガーをそれぞれ何個ずつ買いましたか。

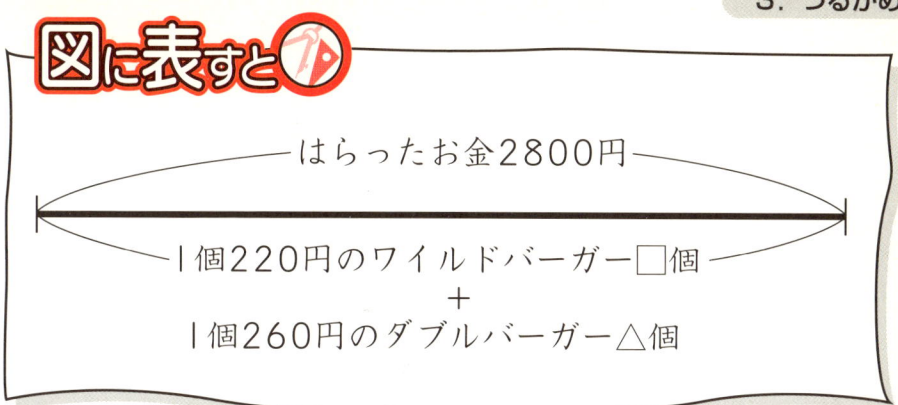

3．つるかめ算

図に表すと

はらったお金2800円

1個220円のワイルドバーガー□個
＋
1個260円のダブルバーガー△個

ぐあ～っ
全然わかんない

どうしたらいいんですか？

全部ワイルドバーガーだとしたら，2640円。はらった2800円とでは，160円の差があるから，そこから考えよう。

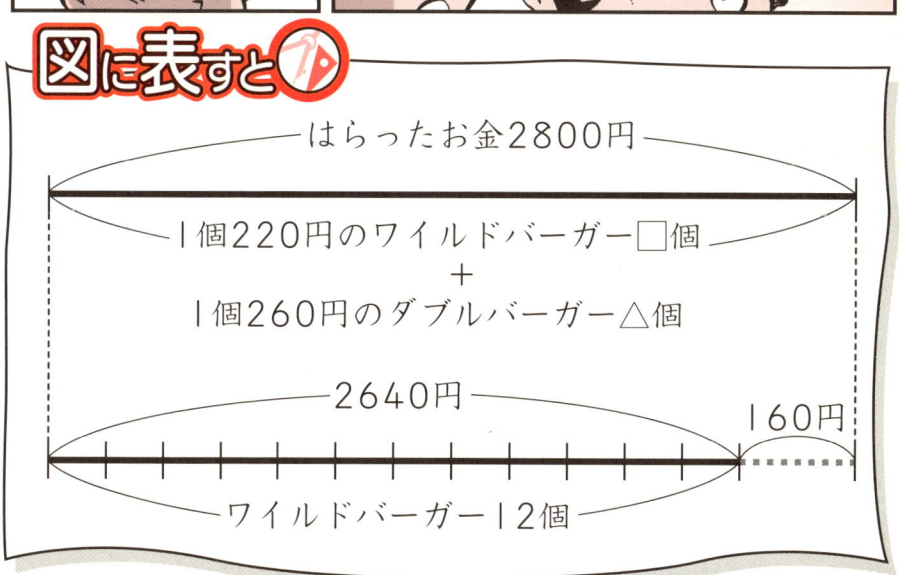

図に表すと

はらったお金2800円

1個220円のワイルドバーガー□個
＋
1個260円のダブルバーガー△個

2640円　　160円

ワイルドバーガー12個

3. つるかめ算

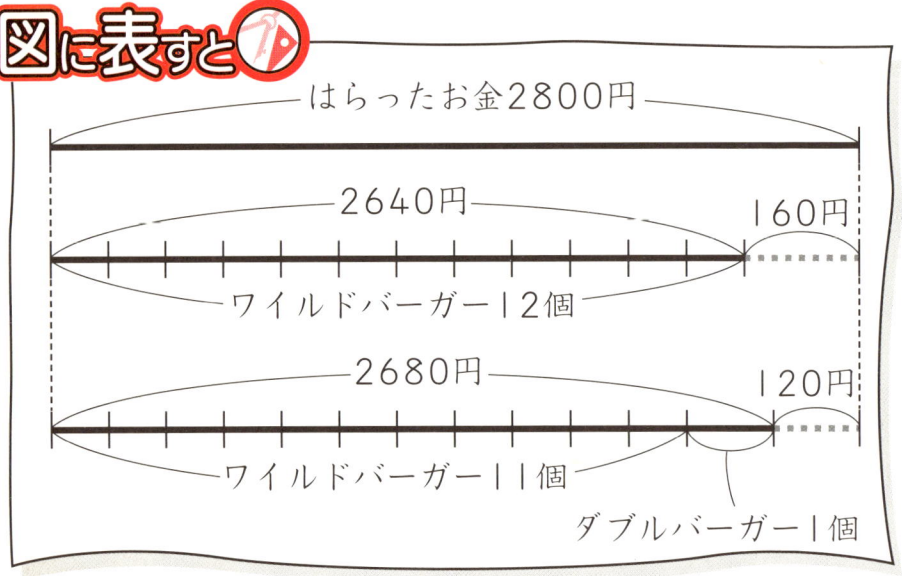

3. つるかめ算

ということは、2個置きかえると80円増えて、3個だと120円増えるってことだ！

おーっ，すばらしい！！

ワイルドバーガーを食べて頭が良くなったんじゃないかなー!?

ハイッ！そんな気がします!!

いや…，そうは見えないよな…。

うん，見えない。

踊ってるし…。

47

3. つるかめ算

はらったお金と，ワイルドバーガーを12個買ったときの合計金額との差は，160円。

ワイルドバーガー1個をダブルバーガー1個に置きかえると，合計金額は40円増えるから，

ダブルバーガーの個数は，

$$160 \div 40 = 4$$

となり，4個。

ワイルドバーガーの個数は，12－4＝8で，8個。

3. つるかめ算

3. つるかめ算

3．つるかめ算

入試問題に挑戦!! ーいろいろなつるかめ算ー

1 えんぴつとシャープペンシルの本数

> 1本50円のえんぴつと1本120円のシャープペンシルを合わせて11本買ったところ,代金は760円でした。それぞれ何本ずつ買いましたか。　　　　　　　　　　〈自修館中〉

解き方▶▶▶

◆ **11本全部えんぴつを買ったとする**と,代金の合計は,50×11＝550(円) となり,実際の代金より,760－550＝210(円) 少なくなる。

◆ **えんぴつ1本をシャープペンシル1本に置きかえていく**と,代金は,120－50＝70(円) ずつ増える。

◆ シャープペンシルの本数は,
　210÷70＝3(本)

◆ えんぴつの本数は,11－3＝8(本)

答え えんぴつ…8本,シャープペンシル…3本

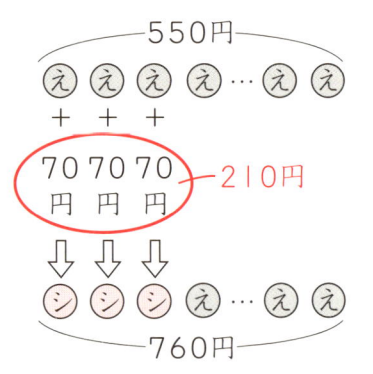

解法ポイント

2つの合計量(個数の合計と代金の合計)がわかっている問題では,どちらか一方に置きかえて,**実際の合計量との差**に目をつけて解くとよい。

2 カブト虫の数

> カブト虫とクモが合わせて22ひきいます。あしの数を数えたら全部で160本ありました。カブト虫は何びきいますか。
>
> 〈跡見学園中〉

解き方 ▶▶▶

- ◆ カブト虫のあしの数は6本，クモのあしの数は8本。
- ◆ **22ひき全部がクモだとする**と，あしの数の合計は，
  $8 \times 22 = 176$（本）となり，実際のあしの数の合計より，
  $176 - 160 = 16$（本）多くなる。
- ◆ **クモ1ぴきをカブト虫1ぴきに置きかえていく**と，あしの数は，$8 - 6 = 2$（本）ずつ減る。
- ◆ カブト虫の数は，$16 \div 2 = 8$（ひき）

答え 8ひき

別の解き方

- ◆ **22ひき全部がカブト虫だとする**と，あしの数の合計は，
  $6 \times 22 = 132$（本）となり，実際のあしの数の合計より，
  $160 - 132 = 28$（本）少なくなる。
- ◆ **カブト虫1ぴきをクモ1ぴきに置きかえていく**と，あしの数は，$8 - 6 = 2$（本）ずつ増える。
- ◆ クモの数は，
  $28 \div 2 = 14$（ひき）だから，
  カブト虫の数は，
  　$22 - 14 = 8$（ひき）

解法ポイント

解き方や別の解き方からわかるように，先に求められるのは，はじめに置きかえた数量とは別の数量である。

いろいろなつるかめ算

3 まとに当たった回数

> まとに当たると10点得点し，はずれると4点失う射的のゲームを行いました。50発打って374点になりました。何発まとに当たりましたか。　　　　　　　　　〈明治大付中野中〉

解き方 ▶▶▶

◆ **50発全部がまとに当たったとする**と，得点の合計は，
$10 \times 50 = 500$（点）となり，実際の得点より，$500 - 374 = 126$（点）多くなる。

◆ 1発はずれると，得点は，
$10 + 4 = 14$（点）減る。

◆ はずれた数は，
$126 \div 14 = 9$（発）

◆ まとに当たった数は，
$50 - 9 = 41$（発）

アドバイス

例えば，2発打ったときの得点を比べると，
- 2発とも当たり
 ⇨ $10 + 10 = 20$（点）
- 1発だけ当たり
 ⇨ $10 - 4 = 6$（点）

となり，14点の差が出ることがわかる。

答え 41発

解法ポイント

まとに当たると○点もらい，はずれると△点失うゲームで，**1発はずれると，得点は，○＋△（点）減る。**

4 年令算

親子の年令のように，年令の差が一定であることなどから年令や年数を求める問題を，年令算といいます。

4. 年令算

だっ
待って！
頭を打って
何も思い出せないんだ！
早っ
ガーン
わぁ!!
だれか
助けて〜。
おじさんは，
ネコをよけようとして，
あの坂の上から
飛んできたんだよ。
ホラ
自転車
そうだったのか…。
よく生きてたね
じゃあ，本当に名前も
何もわからないの？
思い出せない…。
困っている人には
親切にするのよ。
いいことあるかもよ
…にげたじゃん。
何か手がかりに
なるものはないの？

4. 年令算

4. 年令算

4. 年令算

問題

記おくをなくしてしまった男性がいます。
現在，男性と子どもの年令を合わせると，49才です。7年前の男性の年令は，子どもの年令のちょうど4倍でした。
現在の男性の年令は何才ですか。

現在のおじさんの年令を求めるのか…。

お兄ちゃん，わかるの？

つまりっ，
…
…
あ，あったりまえじゃん！

…まず，1つずつ整理して要点を書き出してみましょ。

4. 年令算

問題を整理しよう。

・(現在の男性の年令)+(現在の子どもの年令)=49(才)
・7年前の男性の年令は，7年前の子どもの年令の4倍であった。

まず，7年前のおじさんと子どもの年令の和を求めてみたほうがよさそうね！

そうだね！！
1年間に1才ずつ年令は増えるんだよ!!

あたりまえじゃん

わたしとわたしの子どもだと，2人だから，1年間に2才ずつ年令が増えるんだね。

4. 年令算

つまり7年間で…,

2人の年令の和は，1年間に2才ずつ増えるので，7年間では，
2×7＝14（才）
年令が増える。

そうね！そうすると，7年前の2人の年令の和は，現在の年令の和から14才ひいた数になるわね！

男性と子どもの年令の和は，7年間に14才増えて，現在の2人の年令の和は，49才だから，7年前の男性と子どもの年令の和は，

49 － 14 ＝ 35（才）

つまり，7年前のおじさんと子どもの年令の和は，35才だったんだね！
そうね!!
次の手がかりは，7年前のおじさんの年令は，おじさんの子どもの年令の4倍ということよ。
のってきたね
う～ん…，どう考えればいいのかな。
わからないなら図に表してみれば？

4. 年令算

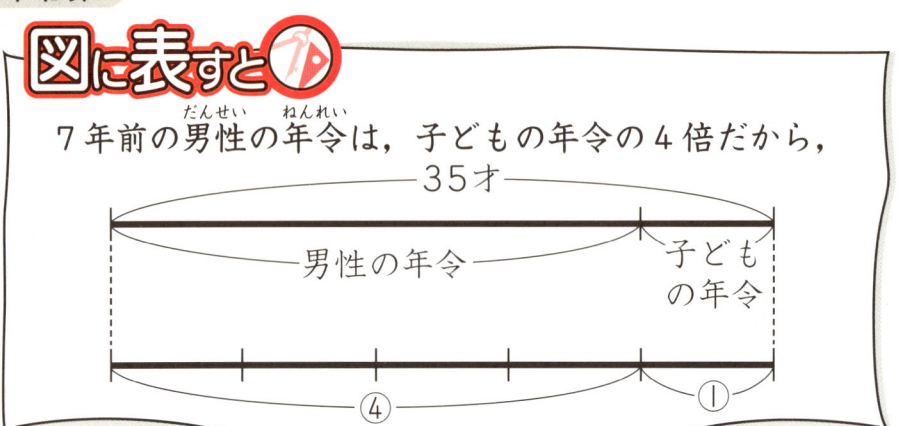

図に表すと

7年前の男性の年令は，子どもの年令の4倍だから，

```
|←―――――― 35才 ――――――→|
|―― 男性の年令 ――|子どもの年令|
|―――――― ④ ――――――|― ① ―|
```

そうか！ 子どもの年令を①とすると，男性の年令は④にあたるから，子どもの年令の(4+1)倍が35才になるんだね。つまり，子どもの年令は，35÷(4+1)で求められる！

いつになったらいいことあるんだろ？

おじさん，もうすぐわかるわよっ！

そうね！求めた子どもの年令を4倍すれば，おじさんの年令も求められるわね！

4. 年令算

7年前の子どもの年令は，
$$35 \div (4 + 1) = 7 \text{（才）}$$
男性の年令は，子どもの年令の4倍だから，7年前の男性の年令は，
$$7 \times 4 = 28 \text{（才）}$$

7年前の子どもの年令は，7才だね。おじさんの年令は，…

おじさん，お金は持ってる？

7年前のおじさんの年令は，28才ね。

あとは今の年令を求めるだけ…。

なんとなくドキドキ

ドキドキ

4. 年令算

28+7=35 で
ズバリ35才!!
じっちゃんの名にかけて!

そんなまんががあったような!

おっ、　すくっ

思い出した!!

ぼくはものすごく急いでいたんだ…!!
こうしちゃいられない!!
じゃっ
待って！
ビターン
年令がわかったら，ケーキをごちそうしてくれると言っていたじゃない!!
そうよ！　おすしをごちそうしてくれるとも言ったわ!!
そっそうだった！
いて～
ぼくは生ものとあまいものは見るのもダメなんだ…。そんな約束をするはずがない。
いたいじゃないかっっ
…っていうか，
きみたちダレ？
キオク
記憶をなくしていた間の記憶をなくしている
チッ
だっ
親切にしたのにいいことなかった！
きみ，何もしてないし…。
すえおそろしい…

入試問題に挑戦!! ーいろいろな年令算ー

1　□年前の年令の比

> いま，父が40才，子どもが12才です。父の年令が子どもの年令の5倍であったのは，いまから何年前ですか。〈大妻中野中〉

解き方▶▶▶

◆　右の図で，□年前の子どもの年令を①とすると，父の年令は⑤になる。

◆　父と子どもの**年令の差は何年さかのぼっても変わらない**ので，40－12＝28（才）である。

◆　**2人の年令の差28才は，比の差⑤－①＝④にあたる**から，①にあたる子どもの年令は，
　　28÷4＝7（才）

◆　父の年令が子どもの年令の5倍であったのは，
　　12－7＝5（年前）

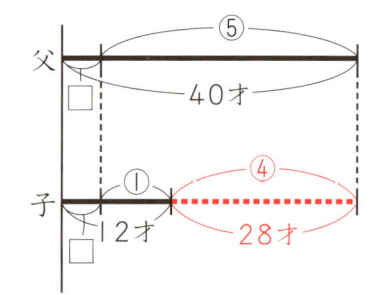

答え　5年前

解法ポイント

2人の年令はちがっていても，2人の年令の差は，何年たっても変わらない。

2　□年後の年令の比

> 現在，子どもは12才で，父は38才です。子どもと父の年令の比が3：5になるのは，いまから何年後ですか。〈プール学院中〉

解き方▶▶▶

◆　右の図で，□年後の子どもの年令を③とすると，父の年令は⑤になる。

◆　父と子どもの**年令の差は何年たっても変わらない**ので，
38－12＝26（才）である。

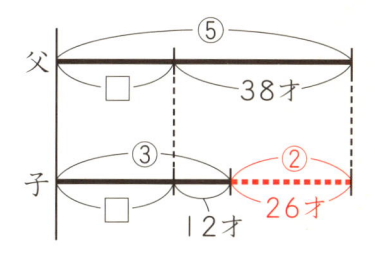

◆　2人の年令の差26才は，比の差の⑤－③＝②にあたるから，
①にあたる年令は，
26÷2＝13（才）
よって，③にあたる子どもの年令は，
13×3＝39（才）

◆　子どもと父の年令の比が3：5になるのは，
39－12＝27（年後）

答え　27年後

解法ポイント

□年後にあたる部分を左にそろえて，2人の年令についての線分図をかく。

いろいろな年令算

3　年令の旅人算

> 現在，母親の年令は37才で，2人の子どもの年令は11才と8才です。2人の子どもの年令の和が，母親の年令と等しくなるのは，母親が何才のときですか。　〈星野学園中〉

解き方▶▶▶

- 現在，母親の年令と，2人の子どもの年令の和との差は，
 37−(11+8)＝18(才)
- 母親の年令と，2人の子どもの年令の和との差は，1年に
 2−1＝1(才)　ずつ縮まっていく。
- 母親の年令が，2人の子どもの年令と等しくなるのは，旅人算を利用して，
 18÷1＝18(年後)
- そのときの母親の年令は，
 37+18＝55(才)

アドバイス
1年に，2人の子どもの年令の和が2才増えるのに対し，母親の年令は1才増えるから，年令の差は1才ずつ縮まっていく。

「旅人算」については，次のページからのまんがを参考にしてください。

答え 55才

解法ポイント
母親と，○人の子どもの年令の和との差は，
1年に，○−1(才)ずつ縮まっていく。

5 旅人算

速さのちがう2つのものが，出会ったり追いかけたりするときの速さや時間を求める問題を，旅人算といいます。

71

5. 旅人算

5. 旅人算

5. 旅人算

74

5. 旅人算

問題

兄が分速80mで家を出発しました。
その8分後に忘れ物に気づいたので、弟が自転車で追いかけることにしました。
弟の速さは、分速240mです。
弟は、家を出てから何分後に兄に追いつきますか。

ところで、何で目が光っているの？

お母さん、理系出身だから血がさわぐのよ！

ふへっ。

じゃ考えてみるわよ！

う、うん…。

マサルが分速80mで家を出て、その8分後にカケルが追いかけるのよ！

はい…。

5. 旅人算

つまり，マサルは8分後には 80×8＝640(m)先にいることになるわね。

ふむふむ，そうだね。

図に表すと

640m

そしてカケルが自転車でマサルを追いかけるのよ。

カケルの速さは，分速240mよ。

分速240mということは…，

5. 旅人算

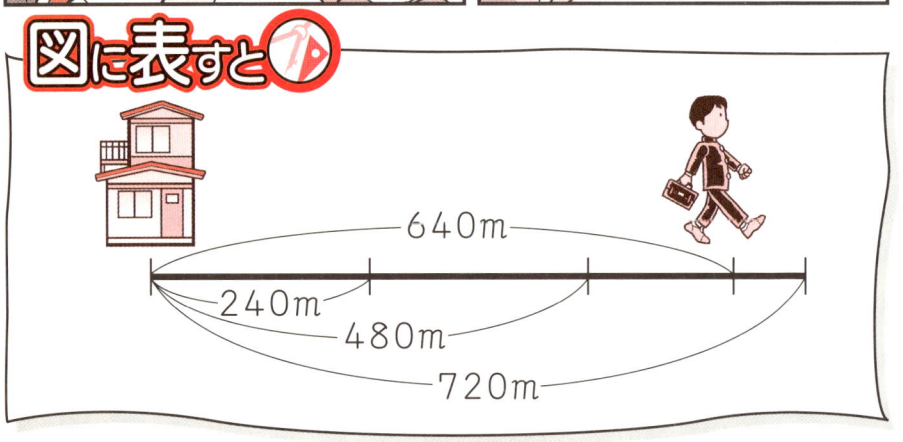

5. 旅人算

さっ，もう一度考えてみて！

わかった。

自転車だと2分間で480m，3分間で720m進むんだね。

図に表すと

640m
240m
480m
720m

つまり，640m先にいる兄さんには，3分かからないで追いつくんだ！

やっ，兄さん！弁当忘れたよ。

わっ！おどろいた！

5. 旅人算

あま～い!!

へっ。

カケルはマサルが止まっていると考えて計算したでしょ！

でも実際には，マサルはカケルが追いかけている間も歩き続けているのよ！

テク テク

あっ！

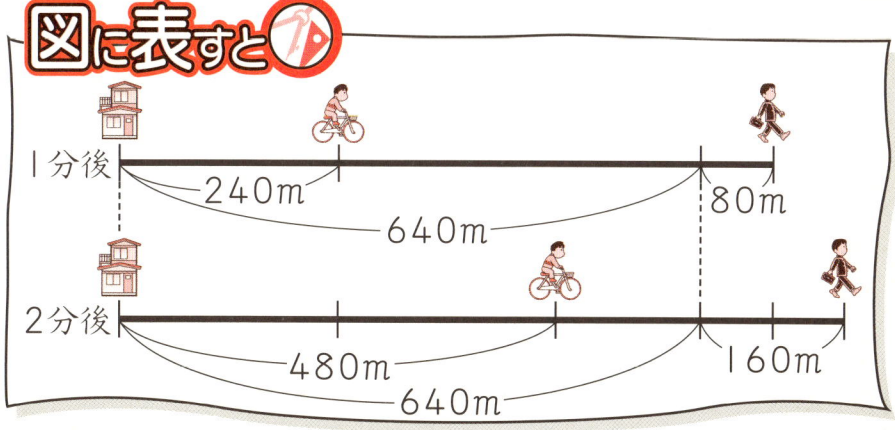

図に表すと

1分後 ― 240m ― 640m ― 80m

2分後 ― 480m ― 640m ― 160m

79

5. 旅人算

そうだった…。兄さんは歩き続けているんだった。

そうよ！

つまり、カケルがマサルを追いかける速さは…，

図に表すと

640m
240m
80m

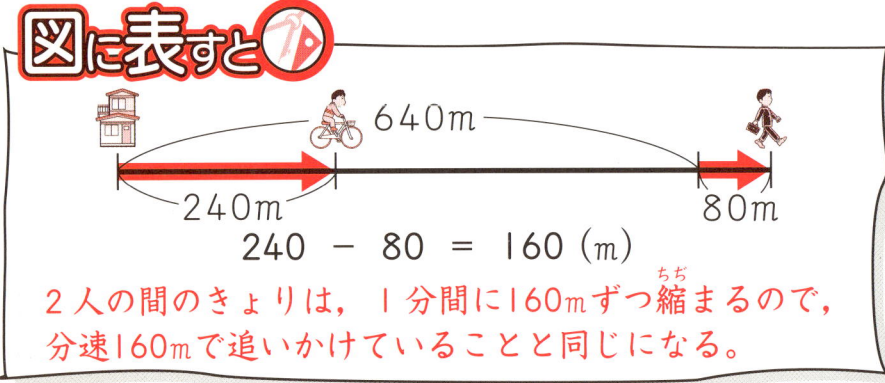

$$240 - 80 = 160 \text{ (m)}$$

2人の間のきょりは、1分間に160mずつ縮まるので、分速160mで追いかけていることと同じになる。

となるのよ！

なるほどね…。

で、そのポーズは？

ビシッ！

5. 旅人算

だから，カケルがマサルに追いつくのにかかる時間は，

（きょり）÷（速さ）=（時間）から，

640 ÷ 160 = 4（分）

⇨家を出てから4分後に兄に追いつく。

家を出てから**4分後**ね！

そっかぁ!!

その計算なら間に合うね！

でしょ！

5. 旅人算

5. 旅人算

旅人算には、今回のような追いかける問題だけではなく、出会ったり、池などのまわりをまわったりする問題もあるよ。くわしくは、次ページからの問題を見てみよう。

入試問題に挑戦!! －いろいろな旅人算－

1 追いつきの問題

妹が家を出発してから12分後に雨が降り出したので，姉がかさをとどけようと自転車で妹を追いかけました。妹の速さは分速80mで，姉の速さは分速240mです。姉は，何分後に妹に追いつきますか。また，追いつくのは家から何mのところですか。

〈愛知教育大附名古屋中〉

解き方 ▶▶▶

◆ 姉が家を出発するとき，妹は，
80×12＝960(m) 先にいる。

◆ 姉は妹に，1分間に，
240－80＝160(m) ずつ近づく。

◆ 姉が妹に追いつくのは，姉が家を出発してから 960÷160＝6(分後)で，追いついたところは，家から 240×6＝1440(m) 進んだところである。

(例)姉が出発してから1分後

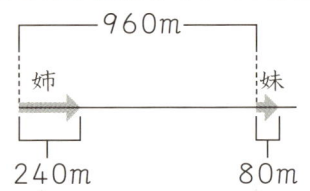

```
|←―――― 960m ――――→|
 姉                  妹
 →240m            →80m
```

1分間で，(240－80)m 近づく。

答え 6分後で，家から1440mのところ

解法ポイント
(追いつくまでの時間)
　＝(2人の間のきょり)÷(2人の速さの差)

2 出会いの問題

家から駅までの道のりは1500mです。姉は分速45mで家から駅へ、妹は分速55mで駅から家へ、同時に出発しました。

〈東京女子学院中〉

(1) 8分後、2人の間は何mはなれていますか。
(2) 2人は出発してから何分後に出会いますか。

解き方 ▶▶▶

(1) ◆ 姉と妹は、1分間に
　45+55=100(m) ずつ近づくから、8分後には、
　100×8=800(m) 近づく。

◆ 8分後の2人の間のきょりは、
　1500-800=700(m)

(例) 出発してから1分後

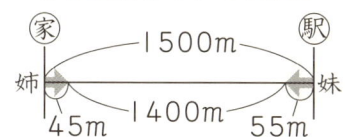

家　←1500m→　駅
姉 →　　　　　← 妹
45m　1400m　55m

1分間で、(45+55)m近づく。

(2) ◆ **2人は1分間に100mずつ近づく**から、出会うのは出発してから、
　1500÷100=15(分後)

答え (1) 700m　(2) 15分後

解法ポイント

（出会うまでの時間）
　＝（2人の間のきょり）÷（2人の速さの和）

いろいろな旅人算

3 池のまわりをまわる問題

池のまわりを1周する道があります。この道を姉は分速90m，妹は分速60mで歩きます。　〈トキワ松学園中〉

(1) 2人が同じ場所から反対の方向に同時に歩き始めたら，出発してから8分後にはじめて出会いました。この道の1周の道のりは何mですか。

(2) 2人が同じ場所から同じ方向に同時に歩き始めると，姉は妹を何分ごとに追いこしますか。

解き方▶▶▶

(1) 池のまわりを1周する道の長さは，**2人がはじめて出会うまでに歩いた道のりの和に等しい**から，$(90+60) \times 8 = 1200$(m)

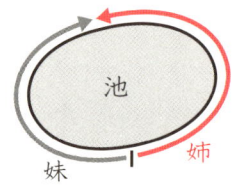

(2) **姉が1200m（池のまわり1周分）先にいる妹を追いかける場合と同じ**だから，姉は妹を，
$1200 \div (90-60) = 40$(分)
ごとに追いこす。

答え (1) 1200m　(2) 40分ごと

解法ポイント

● 反対方向に進むとき
　（出会うまでの時間）＝（池のまわりの長さ）÷（2人の速さの**和**）

● 同じ方向に進むとき
　（追いつくまでの時間）＝（池のまわりの長さ）÷（2人の速さの**差**）

4 速さの和差算

> 1周120mの池のまわりをイチロー君とつよし君が走ります。スタートラインから同時に同じ向きに走り始めると，60秒後にイチロー君がつよし君をちょうど1周追いぬき，スタートラインから同時に反対向きに走り始めると，12秒後に2人は出会います。2人の速さは，それぞれ毎秒何mですか。〈青雲中〉

解き方 ▶▶▶

- イチロー君はつよし君に60秒後に追いつくから，**2人の速さの差**は，
  120÷60＝2 ➡ 毎秒2m

- イチロー君とつよし君は12秒後に出会うから，**2人の速さの和**は，
  120÷12＝10 ➡ 毎秒10m

- イチロー君の速さは，和差算を利用して，
  (2＋10)÷2＝6 ➡ 毎秒6m

- つよし君の速さは，
  6－2＝4 ➡ 毎秒4m

答え イチロー君
  …毎秒6m，
つよし君
  …毎秒4m

〈2人の速さの差で1周まわる〉

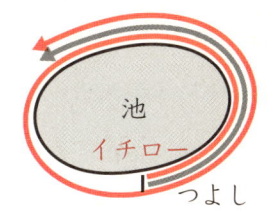

〈2人の速さの和で1周まわる〉

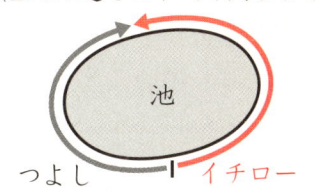

解法ポイント

- 追いつき ⇨ **2人の速さの差**
- 出会い ⇨ **2人の速さの和**

いろいろな旅人算

5 旅人算とグラフ

540mはなれている2地点間を，A君とB君がそれぞれ向かい合って歩きました。グラフは，2人が進んだようすを表しています。2人が出会ったのは，A君が出発してから何分後ですか。

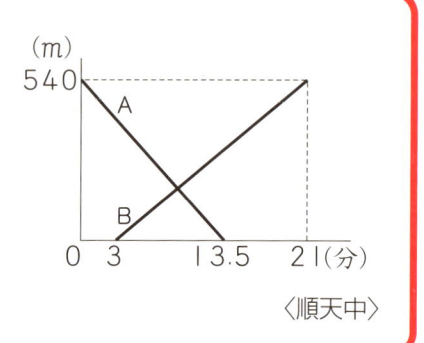

〈順天中〉

解き方 ▶▶▶

◆ A君は540mを13.5分で歩くから，A君の速さは，
　540÷13.5＝40　➡分速40m

◆ B君は540mを21－3＝18（分）で歩くから，B君の速さは，
　540÷18＝30　➡分速30m

◆ B君が出発したとき，A君は，40×3＝120（m）進んでいるから，
　2人の間のきょりは，540－120＝420（m）

◆ 2人が出会ったのは，B君が出発してから，
　420÷(40＋30)＝6（分後）だから，A君が出発してから，
　3＋6＝9（分後）になる。

答え　9分後

解法ポイント

AよりおくれてBが出発する旅人算では，**Bが出発するときの2人の間のきょり**を求めて解く。

6 流水算

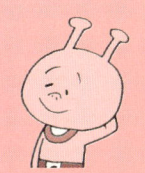

船が，流れのある川を上ったり下ったりするとき，船の速さやかかる時間を求める問題を，流水算といいます。

早くお弁当を届けてあげなきゃね。

父さん，おなかをすかせているだろうね。

大きいのつれたかな〜？

ボボボボ…

出発地から目的地までは18kmで，1時間30分かかるらしいわ。あと30分から40分くらいはかかるみたいよ。

って，話を聞いてるの？

かけひこ…

母さん，あれ見て!!

なに？

89

6. 流水算

6. 流水算

6. 流水算

6. 流水算

6. 流水算

問題　上流のA町から下流のB町に向かって進んでいる船があります。
　静水時の船の速さは，時速8km。AB間のきょりは18kmで，1時間30分で着く予定です。
　出発してから1時間後に船のエンジンが故障し，川の流れだけで目的地に行くことになりました。
　この川の流れの速さは時速何kmですか。また，あと何時間何分で目的地に着きますか。

6. 流水算

6. 流水算

6. 流水算

図に表すと

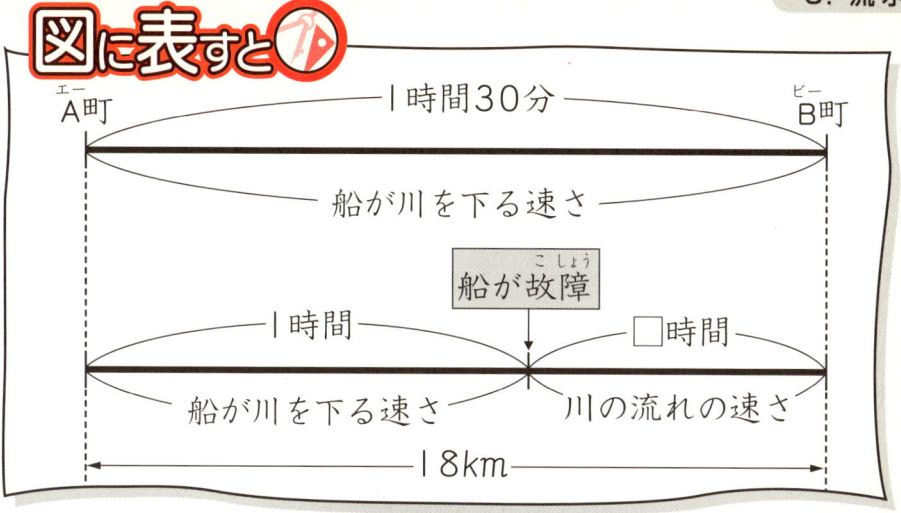

A町 ——1時間30分—— B町
船が川を下る速さ

船が故障

1時間　　　　□時間
船が川を下る速さ　川の流れの速さ
——18km——

この船は、上流から下流に向かって下っているんだよね？

そうよ。

じゃあ、この**船が川を下る速さは、静水時の船の速さと川の流れの速さをたしたもの**になる。

船が川を下る速さは、静水時の船の速さと川の流れの速さを合わせたものになる。

コレが大事

（川を下る速さ）＝（静水時の船の速さ）＋（川の流れの速さ）

6. 流水算

6. 流水算

（きょり）÷（時間）＝（速さ）　から，

$$18 \div 1\frac{30}{60} = 18 \div \frac{90}{60}$$
$$= 18 \times \frac{60}{90}$$
$$= 12 \text{(km)}$$

1時間30分
＝$1\frac{30}{60}$時間

➡ 川を下る速さは，時速12km

つまり，船が川を下る速さは，時速12kmだ！

まさひこすごいっ！

おしい！「かけひこ」ね…

まず，船が川を下る速さが出たね。

川を下る速さが時速12kmで，静水時の船の速さが時速8kmだから…，

川の流れの速さは，12－8＝4 で，時速4kmになる！

6. 流水算

あら、しっぽも
エノキダケみたい！

まぁ‼

って、聞いてないよね…。

エノキダケのことは
もういいじゃない！
さぁ、計算を続けて！

エノキダケって
言ってたの、
母さんだからね…。

この船が川の流れ
だけで進むきょりは、

(川の流れだけで進むきょり)
=(ＡＢ間のきょり)
 －(船が川を下る速さ)×(故障するまでの時間)
=18－12×1
=6 (km)

6. 流水算

残りのきょりは，6kmだ。

川の流れの速さは，時速4kmだったよね！

あとは，川の流れの速さで，このきょりをわれば，時間が求められるから，

(残り時間) ＝ (残りのきょり) ÷ (川の流れの速さ)

6 ÷ 4 ＝ 1.5 （時間）

⇨ 1時間30分

残り時間は，1時間30分！

すごい！

かけひこかる，

6. 流水算

6. 流水算

入試問題に挑戦!! －いろいろな流水算－

1　川を上る速さと下る速さ

> 静水での速さが毎時14kmの船が，ある川を48km上るのに4時間かかりました。同じところを下るには何時間かかりますか。
>
> 〈明治大付明治中〉

解き方 ▶▶▶

- この船の上りの速さは，
  48÷4＝12　➡毎時12km
- 川を上るときには流れにさからって進むので，**静水での速さ（船自体の速さ）より川の流れの速さ分だけおそい。**
- 川の流れの速さは，
  14－12＝2　➡毎時2km
- 川を下るときには流れに乗って進むので，**静水での速さより川の流れの速さ分だけ速い。**
- 下りの速さは，
  14＋2＝16　➡毎時16km
- 下るのにかかる時間は，
  48÷16＝3（時間）

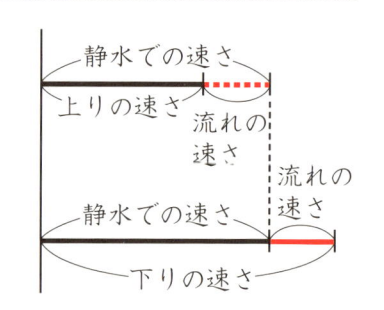

答え　3時間

> **解法ポイント**
> - （**上りの速さ**）
>   ＝（静水での速さ）－（流れの速さ）
> - （**下りの速さ**）
>   ＝（静水での速さ）＋（流れの速さ）

2 川の流れの速さと静水での速さ

川にそって，下流より上流へA市，B町があります。A市から32kmはなれたB町までの間を船で往復するのに，上りに4時間，下りに2時間かかりました。　〈城北埼玉中〉

(1) 川の流れの速さは時速何kmですか。
(2) 静水に対する船の速さは時速何kmですか。

解き方 ▶▶▶

(1) ◆ この船の上りの速さは，
　　　$32 \div 4 = 8$ ➡ 時速 8 km
　◆ この船の下りの速さは，
　　　$32 \div 2 = 16$ ➡ 時速16km
　◆ 川の流れの速さは，右の図より，
　　　$(16 - 8) \div 2 = 4$ ➡ 時速 4 km

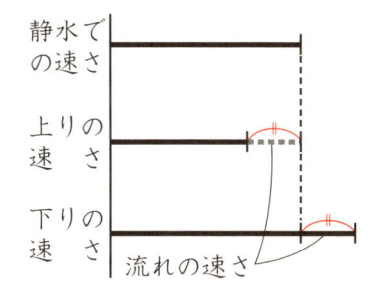

(2) ◆ 静水に対する船の速さ（船自体の速さ）は，上の図より，
　　　$(16 + 8) \div 2 = 12$ ➡ 時速12km

　※ (静水での速さ)＝(上りの速さ)＋(流れの速さ)
　　 (静水での速さ)＝(下りの速さ)－(流れの速さ)　の式で求めてもよい。

答え (1) 時速 4 km　(2) 時速12km

解法ポイント
- (流れの速さ)＝(下りの速さ－上りの速さ)÷2
- (静水での速さ)＝(下りの速さ＋上りの速さ)÷2

いろいろな流水算

3 流水算とグラフ

　右のグラフは地点Aから地点Bまで川を上る遊覧船の時間ときょりの関係を表しています。遊覧船はとちゅうでエンジンが故障してしまい，400m流されてしまいましたが，エンジンを直して地点Bまで行きました。この船の速さは毎時何kmですか。ただし，船の速さはエンジンが故障する前も後も変わらないこととします。 〈聖学院中〉

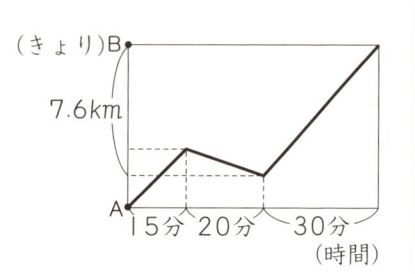

解き方▶▶▶

◆ エンジンの故障で流されたのは右のグラフのPQ間の400m（⇔0.4km）だから，川の流れの速さは，

$0.4 \div \dfrac{20}{60} = 1.2$ ➡ 毎時1.2km

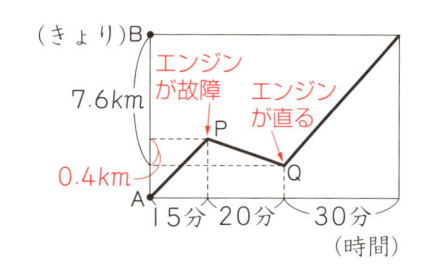

◆ エンジンを直した後の上りの速さは，

$7.6 \div \dfrac{30}{60} = 15.2$ ➡ 毎時15.2km

◆ この船の速さは，上りの速さと川の流れの速さの和になるから，

$15.2 + 1.2 = 16.4$ ➡ 毎時16.4km

答え 毎時16.4km

解法ポイント
エンジンが故障した船は，**川の流れの速さで下る。**

7 通過算

電車のような長さのあるものが，橋やトンネルを通過するとき，橋の長さや時間を求める問題を，通過算といいます。

この近くだったら，どこでかいてもいいけど，あまり遠くには行かないように！

じゃあ，3時にこの場所にまた集合!!

スケッチブックちゃんと持ってなー

はーい

3時だぞー

よーし，何をかこうかな〜。

かけひこ，空気がおいしー！

7. 通過算

7. 通過算

7. 通過算

7. 通過算

7. 通過算

お，かけひこたちはここでかいているのか。

いいながめだな〜

先生！

近くにいたのね

あ，先生だ

よし，あゆみちゃん，こうなったら，鉄橋の長さを計算で求めよう！

あっ，計算だ！

先生，あの鉄橋の長さってわかる？それとも，あの鉄橋をわたる電車の速さや長さってわからない？

あれなんだけど

先生，そんなのわからないんじゃない？

??

鉄橋の長さはわからんが，電車のことはわかるぞ！ここを通る電車は，少し旧式の1000型アルバロン号だな。

サイドボディーに長くのびるラインと，1つ目の大きなヘッドライトは1000型の象ちょうなんだ。

1000型は，長さ120m，時速は90km。鉄橋をこえると，長いトンネルが続く…。

なかなか見られないんだ

すごいっ

お〜

7. 通過算

トンネルに入るまで、25パーミルの坂をひたすら上っていくんだよ〜！

先生！とりみだしすぎっ…

パーミルって何だろ..

うーたまらん♡

よしっ！先生もここで電車をかくぞ!!

先生クレヨン食べちゃダメだよ

よいしょ

先生のおかげで電車の長さと速さがわかったから、あとは鉄橋をわたる時間さえわかれば…。

あ、電車よ!!何秒かかるかを計って!!

ガタン ガタン ガタン
1 2 3 4 5 6 7

マメ知識 ▶ パーセントは百分の一を表していて、記号は「％」だね。パーミルは千分の一を表していて、「‰」とかくよ。「25パーミルの坂」とは、1000m走って25m上るような坂道のことだよ。

7. 通過算

7. 通過算

長さ120mの電車が時速90kmで走っています。
この電車の先頭が鉄橋に入ってから、電車の最後部（さいこうぶ）が鉄橋から出るのに、19秒かかりました。
この鉄橋の長さは、何mですか。

7. 通過算

図に表すと ア

時速90km → 19秒かかった ←120m→

かけひこ君, 絵が上手だね！

いやー, ぜんぜん ぜんぜん。

電車が鉄橋をわたるのに, かかった時間は19秒だから, 電車の速さの時速90kmを秒速になおしてみよう！

その方が計算しやすいからね

なるほど

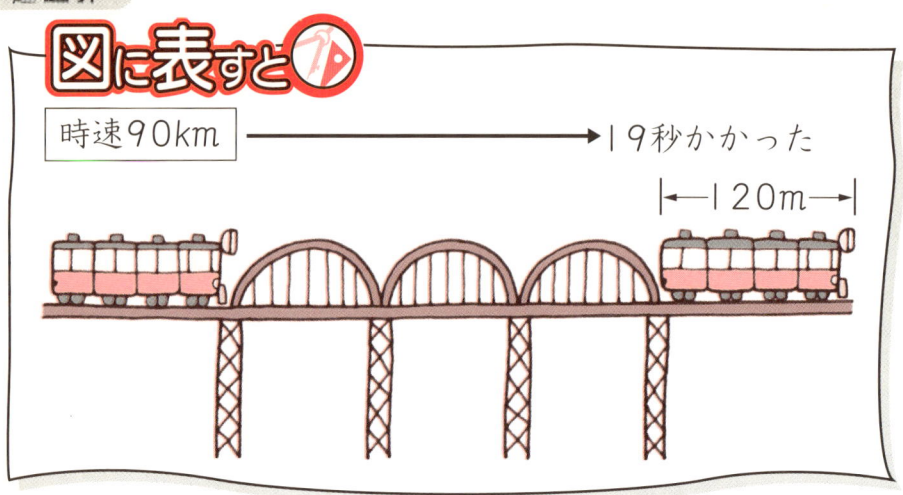

90km＝90000m だから,
　　時速　90000m
90000÷60＝1500 だから,
　　分速　1500m
1500÷60＝25 だから,
　　秒速　25m

電車の速さは秒速25m。こんな感じだよね, 先生？

7. 通過算

電車〜，早く来い！電車〜。

ブツブツ

ダメだ，電車に夢中だ！

じゅもんみたい

カキカキ

よし，電車の速さと鉄橋をわたるのにかかった時間を使って，鉄橋の長さを求めてみよう！

先生はおいとこう

19秒で電車が走ったきょりは，

(電車の速さ〔秒速〕)×(時間〔秒〕)より，

$$25 \times 19 = 475 \,(m)$$

わーっ!!
じゃあ鉄橋の長さは475mね！

いや，まだなんだっ！今，求めたのは…，

むー

カキカキ♪

まだなんだ．

117

7. 通過算

図に表すと

475m

120m

つまり、今、計算したのは、「電車が鉄橋を完全にわたりきるきょり」なんだ！

これを言いかえると、

カキカキ♪

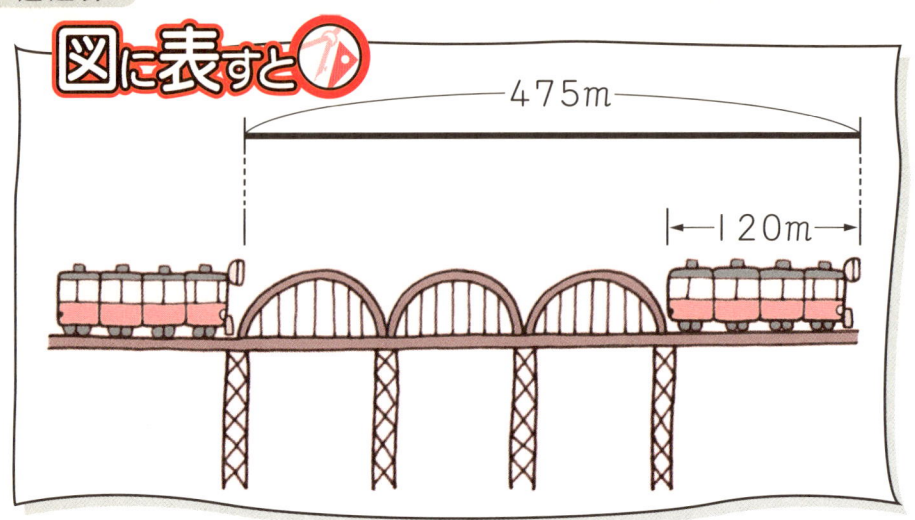

コレが大事

（電車が鉄橋を完全にわたりきるきょり）
　　　＝（電車の長さ）＋（鉄橋の長さ）

7. 通過算

だから、鉄橋の長さを求めるなら…，

電車の長さをひけばいいのね！

そのとおり!!
だから鉄橋の長さは…，

鉄橋の長さは，
（電車が鉄橋を完全にわたりきるきょり）−（電車の長さ）
で求められるから，

$$475 - 120 = 355 (m)$$

わー！
鉄橋の長さは，
355mだー！
これで絵がかける!!

お，長さ出たのか！

やったね！
これで鉄橋の絵がかけるね。

7. 通過算

7. 通過算

入試問題に挑戦!! ―いろいろな通過算―

1 鉄橋をわたる問題

828mの鉄橋があります。列車Aは長さが333mで，速さは毎秒27mです。列車Bは長さが252mで，列車の最前部が鉄橋をわたり始め，最後部がわたり終わるまでに1分かかります。

〈獨協埼玉中〉

(1) 列車Aの最前部が鉄橋をわたり始め，最後部がわたり終わるまでに何秒かかりますか。

(2) 列車Bの速さは毎秒何mですか。

解き方 ▶▶▶

(1) ◆ 鉄橋を完全に通過するのに列車Aが進むきょりは，
   333 + 828 = 1161 (m)

  ◆ 鉄橋を通過するのにかかる時間は，
   1161 ÷ 27 = 43 (秒)

(2) ◆ 鉄橋を完全に通過するのに列車Bが進むきょりは，
   252 + 828 = 1080 (m)

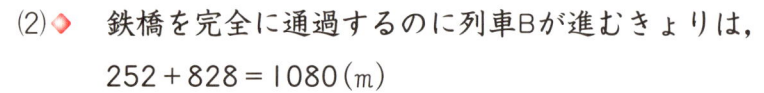

  ◆ 鉄橋を通過するのに1分(⇔60秒)かかるから，列車Bの速さは，
   1080 ÷ 60 = 18 ➡ 毎秒18m

答え (1) 43秒 (2) 毎秒18m

解法ポイント
(鉄橋の通過時間)＝(列車の長さ＋鉄橋の長さ)÷(速さ)

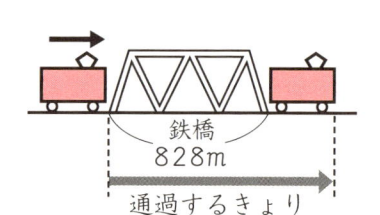

2 トンネルにかくれている時間

　長さ90mの電車が，長さ360mの鉄橋をわたり始めてからわたり終えるまでに18秒かかりました。この電車が同じ速さで長さ690mのトンネルに入ったとき，電車の全体がトンネルの中に入っていた時間は何秒間ですか。　〈成蹊中・改〉

解き方 ▶▶▶

◆　鉄橋を完全に通過するのに電車が進むきょりは，
　　90 + 360 = 450 (m)

◆　この電車の速さは，
　　450 ÷ 18 = 25 ➡ 秒速25m

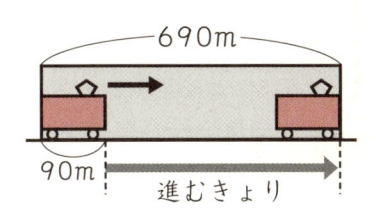

◆　電車全体がトンネルの中に入っている間に，電車が進むきょりは，
　　690 − 90 = 600 (m)

◆　秒速25mの速さで，600m進むのにかかる時間は，
　　600 ÷ 25 = 24 (秒間)

答え 24秒間

解法ポイント

（トンネルの中に完全にかくれている時間）
　　＝（トンネルの長さ−列車の長さ）÷（速さ）

いろいろな通過算

3 電信柱の前を通過する問題

長さ140mの電車が，電信柱を通過するのに4秒，鉄橋をわたり始めてからわたり終わるまでに11秒かかるとき，鉄橋の長さは何mですか。　　　　　　　　　　〈白陵中〉

解き方 ▶▶▶

◆ 電車が電信柱の前を通過するのにかかる時間は，**電車が電車の長さ分だけ進む時間**だから，この電車の速さは，

　140÷4＝35　➡秒速35m

◆ 鉄橋を完全に通過するのに11秒かかるから，この間に電車が進むきょりは，

　35×11＝385(m)

◆ （電車の長さ）＋（鉄橋の長さ）
　＝385(m)　だから，

鉄橋の長さは，

　385－140＝245(m)

答え 245m

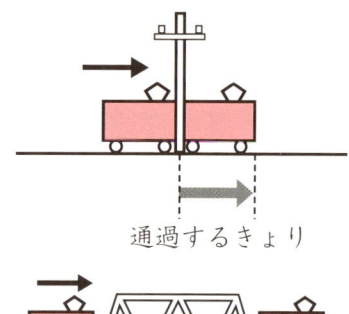

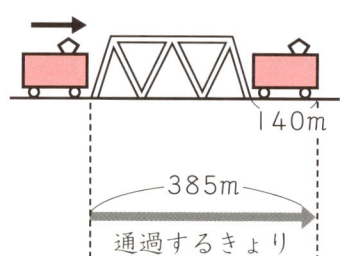

解法ポイント

電信柱や駅員などの前を通過するのにかかる時間は，**電車が電車の長さ分だけ進む時間**である。

4 列車のすれちがい

> 毎秒14mで走る長さ120mの列車Aと，毎秒12mで走る長さ140mの列車Bがあります。2つの列車が向かい合う方向で走ったとき，出あってからすれちがうまでに何秒かかりますか。
>
> 〈和洋国府台女子中〉

解き方 ▶▶▶

- すれちがいのきょり（列車Aが列車Bに出あってからはなれるまでに進むきょり）は，**2つの列車の長さの和**になるから，

  120 + 140 = 260(m)

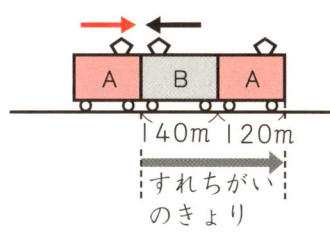

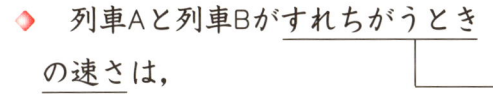

- 列車Aと列車Bがすれちがうときの速さは，

  14 + 12 = 26 ➡ 毎秒26m

- 2つの列車が出あってからすれちがうまでにかかる時間は，

  260 ÷ 26 = 10(秒)

答え 10秒

> 列車Bが止まっていると考えると，すれちがうときの列車Aの速さは，列車AとBの速さの和になると考えられる。

解法ポイント

（すれちがいにかかる時間）
　　＝（2つの列車の長さの和）÷（2つの列車の速さの和）

いろいろな通過算

5　列車の追いこし

　長さ50mで秒速25mの電車Aが走っています。このあとから，長さ80mで秒速35mの電車Bがやってきました。先の電車Aがあとの電車Bに追いつかれてから，追いこされるまでに何秒かかりますか。　　　　　　　　　　〈東京家政学院中〉

解き方 ▶▶▶

◆　追いこしのきょり（電車Bが電車Aに追いついてから追いこすまでに進むきょり）は，2つの電車の長さの和になるから，
　　50＋80＝130(m)

◆　電車Bが電車Aを追いこすときの速さは，
　　35－25＝10 ➡ 秒速10m

◆　電車Bが電車Aを追いこすのにかかる時間は，
　　130÷10＝13(秒)

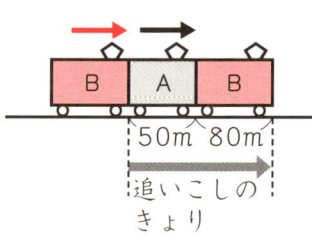

答え 13秒

> 電車Aが止まっていると考えると，追いこすときの電車Bの速さは，電車Aと電車Bの速さの差になると考えられる。

解法ポイント

（追いこしにかかる時間）
　　＝（2つの列車の長さの和）÷（2つの列車の速さの差）

8 時計算

時計の長針と短針の回転する速さのちがいに目をつけて，針が重なる時刻などを求める問題を，時計算といいます。

8. 時計算

8. 時計算

とにかく、あけてみよう。

神様…

どういうことだろう…。

…そうだな。

問題

4時から5時の間で、時計の長針と短針のつくる角が90°になる時刻は、4時何分になるかしら。

この問題が解けた人と、今日の放課後いっしょに図書室に行きたいの♡　がんばってね！

……

あっとう的にオレに不利だな…。

あっとう的にぼくに有利で悪いなぁ…。

なんだとっ！

本当のことだ！

心の声にしとけよっ

8. 時計算

う〜ん…，さっぱりわからん…。

これじゃあ勝負にならなそうでつまらないから，ヒントを出してあげるよ！

それなにじっと見てもムダだよ

まず，時計の針が1分間でどれだけ動くかを考えると，

時計の長針は，1時間で1回転するので，1分間では，360°÷60＝6° 進む。

時計の短針は，12時間で1回転するので，1時間では，360°÷12＝30°，また，1分間では，30°÷60＝0.5° 進む。

となるから，長針と短針の1分間に進む角度のちがいに目をつけると…，

そのよゆうが命取りになるからなっ！

でも助かる

長針は短針よりも1分間に 6°－0.5°＝5.5° 多く進む。

マメ知識 時計算は，時計の長針と短針の回転の速さのちがいに目をつけて，旅人算と同じように考えて解いていくよ。

ああ，なるほどね。
そういう方向性でいくのね！
君に
あわせるよ
ほかにどんな
方向性があるのか
教えて欲しいな…。
まあ，これくらいは知っていて
当然だよね。
…そうだよね。
その言い方が
ムカツクんだよ！
次は，長針と短針のつくる角が
90°になるときを考えなきゃ
いけないよな。
そうだな！
そのためにはっ…。

8. 時計算

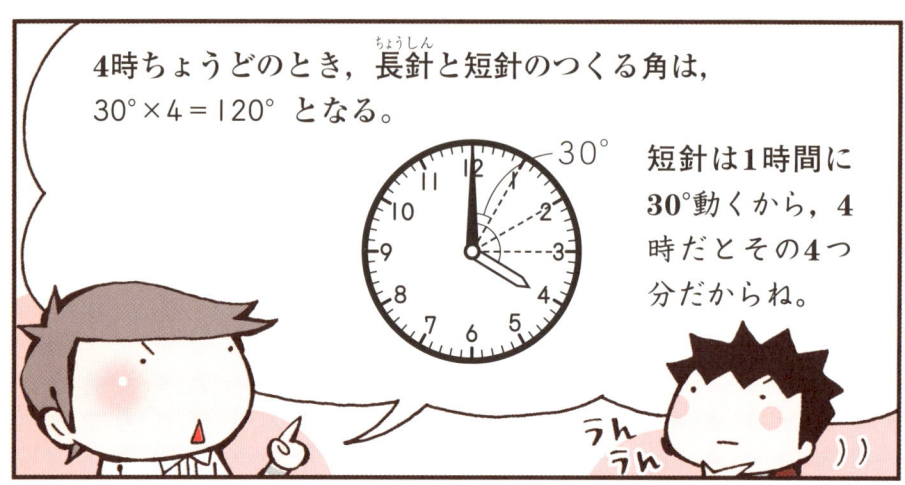

4時ちょうどのとき，長針と短針のつくる角は，
$30° × 4 = 120°$ となる。

短針は1時間に30°動くから，4時だとその4つ分だからね。

うんうん

この角度が90°になるのは，

$120° - 90° = 30°$で長針が短針に30°近づいたときだから，

こんな感じになったときだよ！

まさか答えは 🕓 こんな感じとか言わないよな…。

8. 時計算

え？　まちがってる？

……，あとは計算だけど…。

がんばれボク！
コホン

長針が短針に30°近づくのにかかる時間は，

$$30° ÷ 5.5° = 30 ÷ \frac{11}{2}$$
$$= 30 × \frac{2}{11}$$
$$= \frac{60}{11} = 5\frac{5}{11} （分）$$

$\frac{55}{10} = \frac{11}{2}$

➡ よって，4時$5\frac{5}{11}$分となる。

ふふっ。ぼくはできたよ。

きみはどう？

見直し中だよ！

8. 時計算

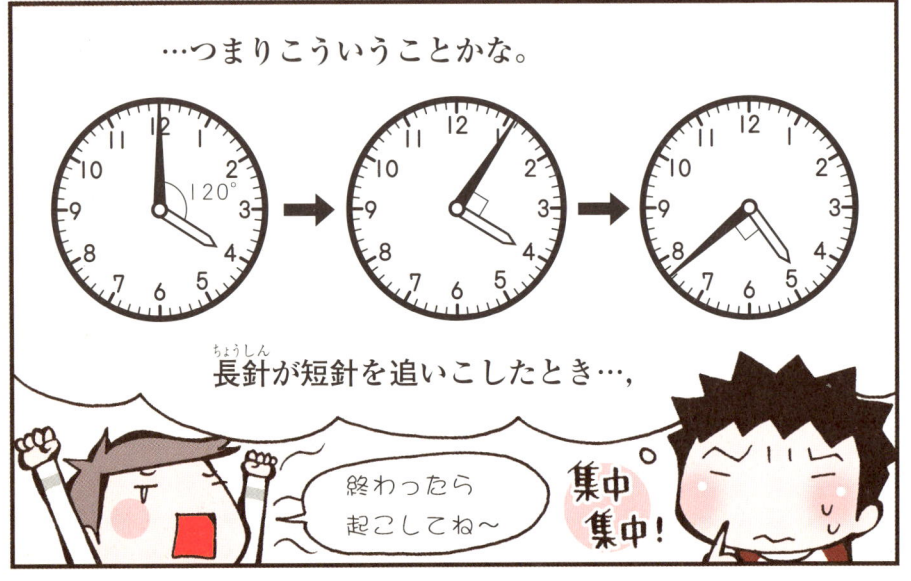

8. 時計算

…だとすると,

長針が短針を追いこしたあとに, また90°になるんだから…,

120° + 90° = 210°
つまり, 長針が短針より210°多く進んだときに, また90°になるんだから…。

……

8. 時計算

$$210° ÷ 5.5° = 210 ÷ \frac{11}{2}$$
$$= 210 × \frac{2}{11}$$
$$= \frac{420}{11} = 38\frac{2}{11} \text{(分)}$$

よって，
4時$38\frac{2}{11}$分に長針と短針のつくる角は再び90°になる。

8. 時計算

だから，答えは，

4時5$\frac{5}{11}$分 と，

4時38$\frac{2}{11}$分 の2つ!!

ありがとう！ くまさん

ありがとう！ とりさん

…だれとあく手してるんだ？

できたぜ！ うさぎさん！

うさぎ…？

だいじょうぶか？

8. 時計算

8. 時計算

入試問題に挑戦!! —いろいろな時計算—

1 時計の長針と短針のつくる角

時計の針が5時10分をさすとき,長針と短針のつくる小さいほうの角度は何度ですか。 〈高輪中〉

解き方 ▶▶▶

◆ **長針は60分間で1回転**するから,
1分間に 360°÷60＝6° 進む。

◆ **短針は12時間で1回転**するから,
1時間に 360°÷12＝30°,
1分間に 30°÷60＝0.5° 進む。

◆ 5時に長針と短針がつくる角は,
30°×5＝150°

◆ 5時から5時10分までの間に,
長針は 6°×10＝60°,
短針は 0.5°×10＝5° 進む。

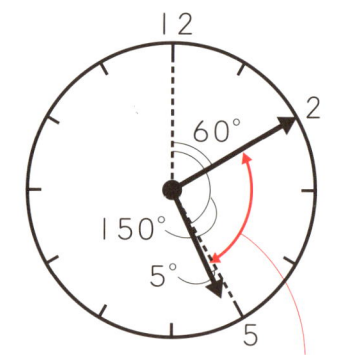

◆ 5時10分に長針と短針がつくる小さいほうの角度は,
(150°＋5°)−60°＝95°

答え 95度

解法ポイント

● 時計の**長針**は,1分間に6°進む。

● 時計の**短針**は,1時間に30°,1分間に0.5°進む。

2 時計の長針と短針の重なる時刻

5時から6時までの間に，時計の長針と短針がぴったり重なるのは何時何分ですか。　　〈光塩女子学院中〉

解き方 ▶▶▶

◆ 5時に，短針は長針より $30° \times 5 = 150°$ 先にある。

長針は1分間に6°，短針は1分間に0.5°進むから，長針は短針より，1分間に $6° - 0.5° = 5.5°$ 多く進む。

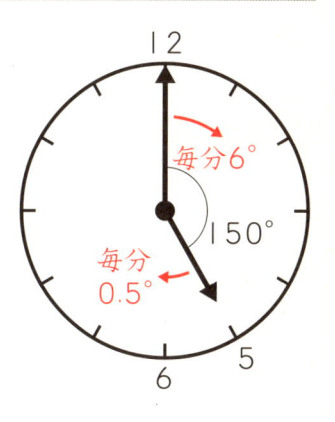

◆ 旅人算を利用して，**150°先にある短針を，長針が1分間に5.5°ずつ追いかける**と考える。

◆ 5時と6時の間で，長針と短針がぴったり重なる時刻は，

$$150° \div 5.5° = 150 \div \frac{11}{2} = 150 \times \frac{2}{11} = 27\frac{3}{11} (分)$$

↓

5時 $27\frac{3}{11}$ 分

答え 5時 $27\frac{3}{11}$ 分

解法ポイント
時計の長針は短針よりも，**1分間に5.5°多く進む。**

141

いろいろな時計算

3 時計の長針と短針が60°になる時刻

時計の長針と短針が，4時と5時の間で60度の角をつくる時刻は4時何分のときですか。すべて求めなさい。〈神奈川大附中〉

解き方 ▶▶▶

◆ 4時に，短針は長針より $30°×4=120°$ 先にある。

◆ 1回目に両針のつくる角が60°になるのは，長針が短針に $120°-60°=60°$ 近づいたときだから，

$60°÷(6°-0.5°)=60÷5.5$
$=10\frac{10}{11}$（分） ➡ 4時$10\frac{10}{11}$分

◆ 2回目に両針のつくる角が60°になるのは，**長針が短針に追いつき，さらに60°進んだとき**である。長針は短針より $120°+60°=180°$ 多く進むから，

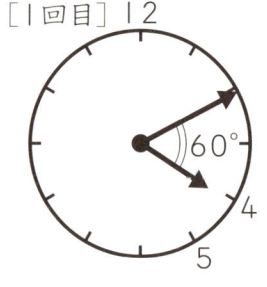

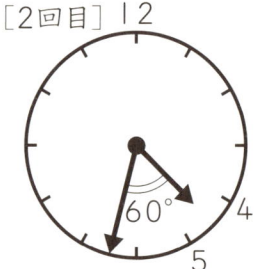

$180°÷(6°-0.5°)=180÷5.5=32\frac{8}{11}$（分） ➡ 4時$32\frac{8}{11}$分

答え 4時$10\frac{10}{11}$分と4時$32\frac{8}{11}$分

解法ポイント

長針と短針が60°の角をつくる時刻
[1回目] 長針が短針に60°近づいたとき
[2回目] 長針が短針に追いつき，さらに60°多く進んだとき

9 日暦算

1週間が7日間の曜日のくり返しであることを利用して、ある日付や曜日を求める問題を、日暦算といいます。

9. 日暦算

9. 日暦算

9. 日暦算

問題

ある年のかけひこ君の誕生日の3月3日は，金曜日でした。西君の誕生日は8月29日だそうです。この年の8月29日は何曜日ですか。

「問題になおすとこうなるね！」

「全然わからないよ！どうするの？」

3月3日はかけひこのたんじょう日で8月29日は西くんのたんじょう日..

「難しくなんかないよ！3月3日から8月29日までの日数を求めればいいんだ！」

「よし，日数を数えるためにカレンダーを探してくる！！」

「それじゃ時間がかかっちゃう。」

じゃあ，地面に3月からの日にちを書いていってみる!!
よーし!
3日
1 2
それじゃあすごく時間がかかるから…。
西くんがんばっ!
でも，日数を数えるのは大変(たいへん)だよっ！
1
2
3
4
5
数えないよ。それを計算するんだよ！
???
まず，3月は何日あるのかを考えるよ。
3月は31日あるよね。
うん。
かけひこなんかかがやいてる

9. 日暦算

3月3日から3月31日までは、「31−3+1」で求められるよね？

"+1" ??

なんで「+1」をするの？

かけひこおっちょこちょいだな〜

例えば、1日から3日まで数えると、1, 2, 3で3日間だよね。

うん、わかるよ。

じゃ、3日の3から1日の1をひくと？

「3−1」は2だね。あれっ!?

2日になっちゃう！

そう、1減るんだ。だから、1をたしてあげるんだよ。

9. 日暦算

なるほど!!

かけひこ天才!!

だから、3月は、「31－3＋1＝29」で、29日あるんだ。 4月は30日、5月は31日、6月は30日、7月は31日あるよね？

何でそんなのわかるの!?

やっぱり天才だ！

いい覚え方があるんだ！

31日までない月は、「西向く士（さむらい）」で覚えるんだよ！

かんたんだよっ

9. 日暦算

西君が砂ばくへ!?
ダメだ！ 西君の体力では，砂ばくはキケンだよっ!!

聞きまちがえすぎっ!!
「西向くさむらい」どんな耳をしてるんだよ。

西くんじゃなくてもさばくはキケンだよっ

なーんだ

ほっ

西君，今日からさむらいだね！

やったね
オメデトゥ！

だから，この覚え方に西君は関係ないからね…。

まだ自信ないけど，せっしゃがんばるよ。ありがとう！

西向くね
西向く

9. 日暦算

コレが大事

2・4・6・9・11月は，2月以外すべて30日。
「に・し・む・く・さむらい」と覚えよう！
　（2）（4）（6）（9）　（11）

「に・し・む・く・さむらい」で，
「に」が2月，
「し」が4月，
「む」は6月，
「く」は9月だよ！

さむらいは？？

士（さむらい）は士と書くから11月なんだよ！

わかったでござる!!

8月は29日だよね！全部合わせると…，

さむらいをひきずってるなー

3月は29日，4月は30日，5月は31日，
6月は30日，7月は31日，8月は29日あるから，
$$29 + 30 + 31 + 30 + 31 + 29 = 180 \,(日)$$
⇨ 3月3日から8月29日まで，180日ある。

マメ知識▶ 2月の日数はふつう28日だけど，4年に1度の"うるう年"は29日あるよ。

9. 日暦算

3月3日から，8月29日まで180日あるんだね。
それはわかったけど，**曜日は？**

待って！カンで当ててみる！

うーん‥

だから計算しないとダメだってばっ！

1週間は7日間だよね！

180日を7日でわると，3月3日から8月29日まで何週間と何日かがわかるんだ。

よし，やっぱり日にちを地面に書いていこう！

西くんさむらいだましいだよ！

西君，しつこいとおこるよ！

180日を1週間ごとに分けると，
$$180 \div 7 = 25 \text{あまり} 5$$
➡ 25週間と5日になる。

9. 日暦算

おーっ！
「180÷7＝25あまり5」
だから，
25週間と5日だ!!

西君
すごい!!

西くんも
かがやいてるっ

そのとおり！
あと少しだよ！

3月3日は
金曜日だったよね。
今，7でわったのは，
金曜日から始まる
週で考えたもの
なんだ！

どういうこと？

つまり，ふつうの
カレンダーは，
日曜日から土曜日
までとなっている
でしょ？

だけど，ここでは，
金土日月火水木で
考えた週で計算した
ことになるんだ!!

9. 日暦算

> **コレが大事**
>
> 3月3日を1日目として，8月29日まで数えると，3月3日は金曜日だから，1週間を
>
> 金 ➡ 土 ➡ 日 ➡ 月 ➡ 火 ➡ 水 ➡ 木
>
> という曜日のくり返しで考えていることになる。

8月29日は，25週間と5日だったから…，その曜日のくり返しの5番目 !?

そのとおり！ だから，金・土・日・月・火で…

火曜日だぁーっ!!

9. 日暦算

入試問題に挑戦!! ―いろいろな日暦算―

1 日付の計算

(1) 4月15日から150日後は，何月何日ですか。〈国本女子中〉

(2) ある年の立春は2月4日でした。立春から数えて210日目は何月何日ですか。なお，この年はうるう年ではありません。〈佼成学園中〉

解き方 ▶▶▶

(1) 4月15日＋150日＝4月165日
＝5月(165－30)日＝5月135日　←4月の日数
＝6月(135－31)日＝6月104日　←5月の日数
＝7月(104－30)日＝7月74日　←6月の日数
＝8月(74－31)日＝8月43日　←7月の日数
＝9月(43－31)日＝**9月12日**　←8月の日数

(2) 2月4日＋(210－1)日＝2月213日
＝3月(213－28)日＝3月185日　←2月の日数
＝4月(185－31)日＝4月154日　←3月の日数
＝5月(154－30)日＝5月124日　←4月の日数
＝6月(124－31)日＝6月93日　←5月の日数
＝7月(93－30)日＝7月63日　←6月の日数
＝8月(63－31)日＝8月32日＝9月(32－31)日＝**9月1日**　←7月の日数　←8月の日数

アドバイス

例えば，

● 5日から3日後

~~5~~　6　7　⑧

はじめの日を入れない　　3日後

● 5日から数えて3日目

⑤　6　⑦

はじめの日を入れる　　3日目

答え (1) 9月12日　(2) 9月1日

解法ポイント

● ○日から△日<u>後</u> ⇨ はじめの日を**入れないで**数える。
● ○日から△日<u>目</u> ⇨ はじめの日を**入れて**数える。

2 曜日の計算

　ある年の3月3日が水曜日のとき，その年の5月5日は何曜日ですか。　　　　　　　　　　　　　〈足立学園中〉

解き方▶▶▶

◆　3月3日からその年の5月5日までの日数を求めると，
3月が31－3＋1＝29(日)，
4月が30日，
5月が5日あるから，
29＋30＋5＝64(日)

	水	木	金	土	日	月	火
3月	3	4	5	6	7	8	9

　　　　　　　　　　} 9週間
　　　　　　⋮

| 5月 | 5 |

◆　64÷7＝9あまり1　より，
3月3日から5月5日までは，9週間と1日になる。

◆　3月3日は水曜日だから，**水曜日から始まる1週間(水木金土日月火)で考える**と，5月5日は，3月3日から9週間過ぎたあとの**1番目の曜日**で，**水曜日**。

答え 水曜日

解法ポイント
ある日付からある日付までの**全日数**を計算し，それが，**何週間と何日になっているか**を求める。

いろいろな日暦算

3 週刊誌の発売日

> 毎週日曜日に発売される週刊誌があります。この週刊誌の第1号が1月9日に発売されました。この年の最後に発売されるのは12月何日ですか。なお、この年はうるう年ではありません。
> 〈金光学園中〉

解き方 ▶▶▶

◆ 第1号が発売された1月9日から12月31日までの日数は、
　365−9+1=357(日)

◆ 357÷7=51より、1月9日から12月31日までは51週間になる。

	日	月	火	水	木	金	土
1月	9	10	11	12	13	14	15
⋮							
12月	25	26	27	28	29	30	31

}51週間

◆ 1月9日は日曜日だから、**日曜日から始まる1週間(日月火水木金土)で考える**と、12月31日は51週目の**最後の曜日**で、**土曜日**になる。

◆ 右上の図より、12月の**最後の日曜日**は、**12月25日**。

答え 12月25日

解法ポイント

その年(または月)の最後の日が何曜日であるかを求めて、そこから、さかのぼって考える。

4 同じ月日の曜日

> Aさんは2004年1月22日(木)に生まれました。今後初めて誕生日が木曜日となるのは西暦何年ですか。　〈横浜雙葉中〉

解き方 ▶▶▶

◆ 365÷7＝52あまり1　より，同じ月日の曜日は，とちゅうにうるう年をはさまないときは**1日**，はさむときは**2日**先へずれる。

◆ **2004年**と**2008年**は**うるう年**だから，各年の1月22日の曜日は，

　2004年…木曜日　┐
　2005年…土曜日　┘ 2004年はうるう年だから2日先へずれる。
　2006年…日曜日
　2007年…月曜日
　2008年…火曜日　┐
　2009年…木曜日　┘ 2008年はうるう年だから2日先へずれる。

アドバイス
西暦年数が4の倍数になる年はうるう年で，2月が29日まである。

答え　西暦2009年

解法ポイント

同じ月日の曜日は，
- とちゅうにうるう年をはさまないとき ⇨ **1日先へずれる。**
- とちゅうにうるう年をはさむとき ⇨ **2日先へずれる。**

[協力者]
- ●監修＝式場 翼男（しきば塾 塾長）
- ●まんが＝帯 ひろ志・青木 こずえ・ニシワキ タダシ
- ●表紙デザイン＝原 佳子
- ●本文デザイン＝(株)テイク・オフ
- ●ＤＴＰ＝(株)明昌堂
- ●図版＝塚越 勉

中学入試 まんが攻略BON! つるかめ算

- ▶編 者　学研教育出版
- ▶発行人　土屋　徹
- ▶編集人　柴田　雅之
- ▶編集担当　志村　俊幸
- ▶発行所　株式会社 学研教育出版
　〒141-8413 東京都品川区西五反田2-11-8
- ▶発売元　株式会社 学研マーケティング
　〒141-8415 東京都品川区西五反田2-11-8
- ▶印刷所　図書印刷株式会社

◆この本に関するお問い合わせは、下記までお願いいたします。
- ●編集内容については Tel 03-6431-1543（編集部直通）
- ●在庫・不良品（落丁、乱丁）については
　　　　　　　　　　　 Tel 03-6431-1199（販売部直通）
- ●上記以外のお問い合わせは
　〒141-8418 東京都品川区西五反田2-11-8
　学研　お客様センター
　『中学入試 まんが攻略BON! つるかめ算』係
　　　　　　　　　　　　　Tel 03-6431-1002

ⓒ Gakken Education Publishing 2006　　　　Printed in Japan